遥感信息工程

何国金　焦伟利　龙腾飞 等　著

U0174103

科学出版社

北京

内 容 简 介

　　本书是在分析国内外遥感信息服务的发展现状，并总结作者近几年在卫星遥感数据标准化处理及智能服务成果的基础上撰写而成的。本书共4章，主要内容包括大数据背景下的遥感信息服务、遥感数据工程、遥感数据智能及遥感信息工程应用。

　　本书适合遥感信息工程与应用等领域的科研人员、管理工作者、教师及研究生、本科生等阅读、参考。

审图号：GS（2021）3775 号

图书在版编目(CIP)数据

遥感信息工程／何国金等著. —北京：科学出版社，2021.8
ISBN 978-7-03-066360-3

Ⅰ.①遥…　Ⅱ.①何…　Ⅲ.①遥感–信息工程　Ⅳ.①TP7

中国版本图书馆 CIP 数据核字（2020）第 197099 号

责任编辑：张　菊／责任校对：樊雅琼
责任印制：吴兆东／封面设计：无极书装

科 学 出 版 社 出版
北京东黄城根北街 16 号
邮政编码：100717
http://www.sciencep.com
北京建宏印刷有限公司印刷
科学出版社发行　各地新华书店经销
*
2021 年 8 月第 一 版　开本：720×1000　1/16
2024 年 5 月第三次印刷　印张：14 1/2
字数：300 000
定价：168.00 元
（如有印装质量问题，我社负责调换）

《遥感信息工程》
撰写成员

主　笔：何国金

副主笔：焦伟利　龙腾飞

成　员：王桂周　刘　鹏　刘慧婵　张兆明　张晓美
　　　　彭　燕　程　博　阎世杰　江　威　尹然宇
　　　　董云云　贡成娟　黄莉婷　舒　雯　王猛猛
　　　　冷宛春　郭红翔　周登继

前　言

　　人类借助航天、航空对地观测平台对地球实施不间断观测，通过信息处理快速再现与客观反映地球表层的状况、现象、过程及空间分布和定位，服务于经济建设和社会发展。21世纪以来，以对地观测技术为核心的空间地球信息科技已经成为一个国家科技水平、经济实力和安全保障能力的综合体现。遥感技术、通信技术、计算机以及人工智能技术的快速发展，带来了对地观测数据的爆炸性增长和广泛应用。人类对地球进行多尺度、全方位实时动态监测的能力进一步增强，获取全球对地观测信息的遥感和卫星定位系统迅速发展，遥感数据获取的技术和能力全面提高，可以说对地观测领域进入了以高精度、全天候信息获取和自动化快速处理为特征的新时代。深入分析对地观测数据的特点以及大数据背景下遥感信息服务所面临的问题、挑战与机遇，并探讨可能的对策与解决方案，具有重要的现实意义。

　　本书即在上述背景下展开，主要内容如下。

　　第1章，大数据背景下的遥感信息服务。本章从应用需求、技术推动和数据政策等方面论述对地观测进入大数据时代的主要驱动因素，总结大数据背景下遥感信息服务所面临的问题与挑战。研究认为应对这一挑战的对策是，应从工程的角度去理解对地观测数据，同时应大力发展遥感数据智能技术，建立遥感信息工程。

　　第2章，遥感数据工程。遥感数据作为科学数据的一种，具有大数据的4V（volume，规模性；velocity，高速性；variety，多样性；value，价值性）特征，其潜在的应用价值还没有被充分发挥。为此，本章从工程化的角度，从全生命周期出发讨论遥感数据工程建设问题。主要介绍遥感数据工程建设过程中的几何标准化、辐射归一化以及遥感数据即得即用（ready to use，RTU）产品体系。遥感数据工程建设的主要目的之一是为高效的遥感信息挖掘提供基础数据产品，我们称为RTU产品。该类产品具有几何标准化、辐射归一化、剖分网格化等特点，便于用户直接应用。

　　第3章，遥感数据智能。数据智能（data intelligence）是大数据发展的必然产物。对地观测进入大数据时代，人们逐步认识到数据驱动在推进遥感应用方面的重要作用。然而，如果无法高效地从遥感数据中提取出有用的信息并转换为决策知识,"数据爆炸、信息缺乏、知识难求"将依然是遥感信息处理与应用面临的重要问题。遥感数据智能通过机器学习、大数据分析手段挖掘多源遥感数据获得价值,将 RTU 产品转化为信息和知识,进而支持决策或行动。本章重点从遥感数据的特征提取与表达、遥感数据的标注策略与数据增强、知识迁移与时间序列挖掘、地学先验知识的合理引入及用户行为驱动的智能服务等几个方面对遥感数据智能进行了阐述。

第 4 章,遥感信息工程应用。新时期,自然灾害和突发事件的应急响应、自然资源调查监测、生态环境调查等重大工程应用等对遥感数据和信息的分辨率、精度与时效性提出了更高的要求。本章重点以城市扩展高分遥感动态监测、全国陆表水体产品生成及全球森林覆盖及变化监测为例,从区域、全国和全球尺度说明遥感信息工程应用的方法、流程。在信息提取方法方面,区域应用侧重于介绍基于深度学习网络的目标提取,全国和全球应用强调人工智能结合大数据挖掘技术。

本书第 1 章由何国金、刘慧婵等撰写;第 2 章由焦伟利、龙腾飞、张兆明、彭燕、何国金等撰写;第 3 章由王桂周、刘鹏、彭燕、张兆明、何国金等撰写;第 4 章由何国金、王桂周、张晓美、江威、程博等撰写。全书由何国金设计,何国金、焦伟利负责统稿。考虑到学术思路的完整性,本书加入了团队成员和研究生过去已发表的期刊论文、研究生毕业论文、项目研究报告以及团队主笔撰写的《全球生态环境遥感监测 2019 年度报告——全球森林覆盖状况及变化》的相关内容。感谢江威、董云云、贡成娟、黄莉婷、尹然宇、舒雯、王猛猛、冷宛春、郭红翔、周登继等研究生们的相关研究成果为本书所做出的重要贡献。

本书得到了国家自然科学基金重点项目(61731022)、中国科学院战略性先导科技专项(A 类)"地球大数据科学工程"课题(XDA19090300)、国家重点研发计划课题(2016YFA0600302)以及全球生态环境遥感监测 2019 年度报告——全球森林覆盖状况及变化课题的资助。

由于作者研究领域和学识的限制,书中难免存在疏漏和不妥之处,敬请同行专家和读者批评指正。

作 者

2020 年 11 月

目　　录

|第1章| 大数据背景下的遥感信息服务

人类借助航天、航空对地观测平台对地球实施不间断观测，通过信息处理快速再现与客观反映地球表层的状况、现象、过程及空间分布和定位，服务于经济建设和社会发展。21 世纪以来，以对地观测技术为核心的空间地球信息科技已经成为一个国家科技水平、经济实力和安全保障能力的综合体现。遥感技术、通信技术及计算机技术的快速发展，带来了对地观测数据的爆炸性增长和广泛应用。尤其是随着高分辨率对地观测时代的到来，通过机载和卫星传感器等不同途径获取的遥感数据正以每日太比特（TB，1TB = 1024GB）级的速度增长，其中单个遥感图像数据集的数据量就可达几十吉比特（GB），甚至 TB级。许多国家级遥感数据中心的数据存档量已达拍比特（PB，1PB = 1024TB）级，而全球的遥感数据量将达到艾比特（EB，1EB = 1024PB）级。海量遥感数据有待及时、有效地处理与分析。据统计，"高分一号"卫星作为高分辨率对地观测系统的首发星，截至 2020 年 6 月，已获取存档数据 1000 多万景（中国高分观测，2020），每天新增约 1TB 数据（中国资源卫星应用中心，2018）。与此同时，遥感数据处理算法的"数据密集型计算"特征也日渐凸显。在遥感数据处理的全流程中，遥感数据处理速率一般远低于遥感数据获取与记录码速率，两者之间存在较大的数据吞吐性能差距。全球变化等复杂遥感应用则有必要建立高质量、连续、均一和综合的对地观测系统（徐冠华等，2013）。为实现全球变化关键参数和过程的多变量联合观（监）测，往往需要对大区域甚至覆盖全球的多时相、多平台、多波段和多空间分辨率的遥感图像进行处理。而及时准确的海上溢油轨迹预测、泥石流滑坡监测等突发性应急遥感应用通常对处理时效性要求很高，需在几小时或几十分钟内完成大量的多源遥感图像处理。因此，有必要深入分析对地观测数据的特点以及大数据背景下遥感信息服务所面临的问题、挑战与机遇，并探讨可能的对策与解决方案（何国金等，2015）。

1.1 对地观测进入大数据时代

1.1.1 对地观测平台快速发展

21 世纪人类对地球进行多尺度、全方位实时动态监测的能力进一步增强，获取全球对地观测信息的遥感和卫星定位系统迅速发展，遥感数据获取的技术和能力全面提高，可以说对地观测领域进入了以高精度、全天候信息获取和自动化快速处理为特征的新时代。1957 年 10 月 4 日，人类把第一颗人造地球卫星斯普特尼克 1 号送入近地轨道，1964 年 8 月 28 日发射了第一颗对地观测卫星 Nimbus。2013～2019 年全球发射卫星数量见图 1-1，到 2020 年 7 月，人类累计发射太空飞行器 9568 颗，全球在轨活跃卫星 2685 颗（邢强，2020）。截至 2019 年 12 月 16 日全球遥感卫星数量为 839 颗，其中我国遥感卫星为 159 颗（李明俊，2020）。美国地球观测系统（Earth Observation System，EOS）计划的提出和实施带动了新一轮对地观测技术发展的浪潮，而地球科学事业（Earth Science Enterprise，ESE）战略计划是对 EOS 的提升与延续，将地球系统科学的概念引入计划中，把对地观测技术与面临的科学问题紧密结合起来（http://science.nasa.gov/about-us/sciencestrategy/past-strategy-documents/earth-science-enterpriseplans/）；欧洲空间局（European Space Agency，ESA，简称"欧空局"）以遥感卫星 1 号、2 号及环境卫星等而立足于世界对地观测技术前列；法国的 SPOT 卫星系列在世界对地观测领域占据一席之地；加拿大则以雷达卫星系列作为其对地观测技术的特色发展战略；日本制定了未来对地观测基本策略，并给出了未来卫星研制和发射计划日程；发展中国家印度也非常重视对地观测技术的发展（高峰等，2006）。进入 21

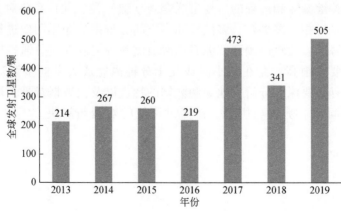

图 1-1 2013～2019 年全球发射卫星数量（艾瑞咨询，2020）

世纪后，全球对地观测步入了高速发展阶段，人类的生存、发展越来越依赖于对地观测技术，对地观测数据在资源、环境、灾害以及国防等领域得到了广泛的应用。当前，对地观测进入新一轮创新发展和升级换代阶段，在具备光学、雷达、激光测高、重力等多类型、多模式探测能力的基础上，已形成立体、多维、高中低分辨率结合的全球综合观测技术，并稳步提升应用与服务水平，同时，卫星系统已从单星系列逐步向星座甚至星群体系延展，卫星对地观测体系日趋成熟。其中，国外主流卫星情况如表 1-1 所示。

表 1-1 国外主流卫星情况

卫星	国家/机构	波段	分辨率/m	幅宽/km	发射时间
Planet Labs	美国	4×多光谱	3（多光谱）	20	2017 年 2 月
Worldview-4	美国	全色+4×多光谱	0.31（全色）	13.1	2016 年 11 月 11 日
			1.24（多光谱）		
Worldview-3	美国	全色+8×多光谱+8×短波红外+12×CAVIS	0.31（全色）	13.1	2014 年 8 月 13 日
			1.24（多光谱）		
Worldview-2	美国	全色+8×多光谱	0.46（全色）	16.4	2009 年 10 月 8 日
			1.84（多光谱）		
Worldview-1	美国	全色	0.5（全色）	17.6	2007 年 9 月 18 日
GeoEye-1	美国	全色+4×多光谱	0.41（全色）	15.2	2008 年 9 月 6 日
			1.65（多光谱）		
IKONOS	美国	全色+4×多光谱	0.82（全色）	11.3	1999 年 9 月 24 日
			3.28（多光谱）		
QuickBird	美国	全色+4×多光谱	0.65（全色）	16.8	2001 年 10 月 18 日
			2.62（多光谱）		
Landsat 1/2/3	美国	4×多光谱	78（多光谱）	185	1972 年/1975 年/1978 年
Landsat 4/5	美国	6×多光谱+1×热红外	30（多光谱）	185	1982 年/1984 年
			120（热红外）		
Landsat 7	美国	全色+6×多光谱+1×热红外	15（全色）	185	1999 年 4 月 15 日
			30（多光谱）		
			60（热红外）		
Landsat 8	美国	全色+8×多光谱+2×热红外	15（全色）	185	2013 年 2 月 11 日
			30（多光谱）		
			30（热红外）		
MODIS	美国	36×多光谱	250/500/1000	2330	1999 年 12 月 18 日

续表

卫星	国家/机构	波段	分辨率/m	幅宽/km	发射时间
SPOT 1/2	法国	全色+3×多光谱	10（全色） 20（多光谱）	60	1986 年/1990 年
SPOT 4		全色+4×多光谱	10（全色） 20（多光谱）	60	1998 年 4 月 24 日
SPOT 5		全色+4×多光谱	2.5/5（全色） 10（多光谱）	60	2002 年 5 月 4 日
SPOT 6/7		全色+4×多光谱	1.5（全色） 6（多光谱）	60	2012 年/2014 年
Pléiades-1A/B		全色+4×多光谱	0.5（全色） 2（多光谱）	20	2011 年 11 月 17 日 2012 年 12 月 2 日
RapidEye	德国	5×多光谱	5（多光谱）	77	2008 年 8 月 29 日
Sentinel-2A/B	欧洲空间局	13×多光谱+4×近红外+6×短波红外	10（多光谱） 20（近红外） 60（短波红外）	290	2015 年/2017 年
CARTOSAT-1	印度	2×多光谱	2.5（多光谱）	29/26	2005 年 5 月 5 日
CARTOSAT-2B		全色	0.8（全色）	9.5	2010 年 7 月 12 日
KOMPSAT-3A	韩国	全色+4×多光谱+中红外	0.55（全色） 2.2（多光谱） 5.5（中红外）	12	2015 年 3 月 25 日
KOMPSAT-3		全色+4×多光谱	0.7（全色） 2.8（多光谱）	15	2012 年 5 月 18 日
ALOS	日本	全色+4×多光谱+SAR	2（全色） 10（多光谱） 10/100（SAR）	60	2006 年 1 月 24 日
PRISMA	意大利	全色+239×高光谱	5（全色） 30（高光谱）	30	2019 年 3 月 21 日
ENVISAT	欧洲空间局	图像模式/交替极化模式/宽幅模式/全球监测模式/波模式	10 ~ 1000	5 ~ 400	2002 年 3 月 1 日
Radarsat-2	加拿大	精细模式/标准模式/宽幅扫描模式/窄幅扫描模式	3 ~ 100	20 ~ 500	2007 年 12 月 14 日

卫星	国家/机构	波段	分辨率/m	幅宽/km	发射时间
TerraSAR-X	德国	聚束模式	1~2	(5~10)×10	2007 年 6 月 15 日
		条带模式	3×3	≤1500×30	
		扫描模式	16×16	≤1500×100	
Sentinel-1A/B	欧洲空间局	干涉宽幅模式	5×20	250	2014 年/2016 年
		波模式	5×5	20×20	
		条带模式	5×5	80	
		超宽幅模式	20×40	400	
RCM 卫星星座	加拿大	低分辨率/中分辨率/高分辨率/低噪声/聚束/全极化	最高分辨率为 1×3	宽幅成像模式 500/船只探测模式 350	2019 年 6 月 12 日

未来，全球对地观测卫星发射计划将持续发展。政府间对地观测协调组织（Group on Earth Observations，GEO）已于 2005 年 2 月 16 日正式成立。2015 年 11 月在墨西哥城召开的第四次 GEO 部长级峰会上启动实施了第二个十年（2016～2025 年）战略执行计划，清晰地表达了 GEO 在第二个十年期间的奋斗方向和目标。在战略上，要将地球观测转变到为决策提供支持的领域，为此，GEO 将通过调动观测、科学、建模以及应用等方面的资源，实现为用户提供终端系统与服务的方式，促进地球观测数据在社会各领域内的应用，从而帮助人们更好地应对社会问题与挑战（GEO，2015）。此外，美国北方天空研究机构（Northern Sky Research，NSR）在第 11 版对地观测卫星报告中预测，到 2028 年全球将发射 1100 多颗用于商业对地观测的卫星，来自对地观测数据和衍生产品销售的年收入将增长到 72 亿美元，复合年增长率为 8.2%（图 1-2）。

1986 年中国遥感卫星地面站的建立标志着中国的遥感事业进入了新的纪元。在近 40 年间，中国遥感卫星地面站先后接收了包括 Landsat、SPOT、JERS、Radarsat、ERS、Envisat、CBERS、环境卫星（HJ）、资源卫星（ZY）和高分卫星（GF）等国内外系列卫星数据，形成了我国最大的陆地观测卫星数据历史档案库。其中，仅美国陆地卫星 Landsat TM 和 ETM 影像就有 63 万景左右。Landsat 8 也于 2013 年发射升空。这些卫星数据以合适的空间分辨率记录着人类活动和自然变化，成为最长时间序列的星载陆地观测数据集。特别是我国陆地观测卫星数据全球接收站网建成以后，密云、喀什、三亚、昆明 4 个接收站实现了覆盖我国全部领土和亚洲 70% 陆地区域卫星数据的接收。2016 年完成建设并运行的北极

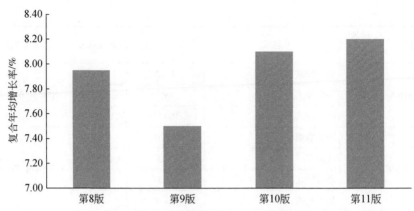

图 1-2　全球来自对地观测数据和衍生产品销售年收入的
复合年均增长率预测（航天长城，2020）

站进一步扩展了我国卫星数据的接收范围。

在卫星方面，自 1970 年 4 月 24 日发射第一颗人造地球卫星"东方红一号"以来，我国在轨运行的卫星已超过 300 颗，仅对地观测领域目前就已形成了"风云""海洋""资源""高分""遥感""天绘"等多个体系（王龙飞，2014；邢强，2020）。近年来，我国在对地观测领域的投入不断增长，对地观测科技创新能力与水平不断提升，对地观测数据呈现出"井喷式"增长，且质量大幅提高。我国于 2010 年启动实施"高分辨率对地观测系统"重大专项，目前已经发射了"高分一号""高分二号""高分三号""高分四号""高分五号""高分六号""高分七号""高分十号""高分十二号"等十多颗民用高分遥感卫星，逐步形成了高空间分辨率、高时间分辨率、高光谱分辨率的对地观测系统。北斗导航定位系列卫星也已先后发射（表 1-2）。

表 1-2　中国主要民用卫星情况表

年份	气象卫星				资源卫星		"高分辨率对地观测系统"重大专项	海洋卫星	环境与灾害卫星	导航卫星
	FY-1	FY-2	FY-3	FY-4	CBERS	ZY	GF	HY	HJ	Beidou
1988	FY-1A									
1990	FY-1B									
1997		FY-2A								
1999	FY-1C				CBERS-01					
2000		FY-2B				ZY-2 01				Beidou-1

续表

年份	气象卫星				资源卫星		"高分辨率对地观测系统"重大专项	海洋卫星	环境与灾害卫星	导航卫星
	FY-1	FY-2	FY-3	FY-4	CBERS	ZY	GF	HY	HJ	Beidou
2002	FY-1D					ZY-2 02		HY-1A		
2003					CBERS-02					
2004		FY-2C				ZY-2 03				
2006		FY-2D								
2007					CBERS-02B			HY-1B		Beidou-2
2008		FY-2E	FY-3A						HJ-1A/1B	
2010			FY-3B							
2011						ZY-1 02C		HY-2A		
2012		FY-2F				ZY-3			HJ-1C	
2013			FY-3C				GF-1			
2014		FY-2G			CBERS-04		GF-2			
2015							GF-4			
2016				FY-4A		ZY-3 02	GF-3			
2017			FY-3D							Beidou-3
2018		FY-2H					GF-1 02/03/04, GF-6, GF-11			
2019					CBERS-04A	ZY-1 02D	GF-10, GF-7, GF-12			
2020							高分辨率多模综合成像卫星			

2018 年 3 月 31 日以"一箭三星"方式发射"高分一号"02、03、04 卫星，标志着我国首个民用高分辨率光学业务星座正式投入使用，可实现 3 星 15 天全球覆盖、2 天重访，以及长期、连续、稳定、快速地获取全球 2m 全色、8m 多光谱影像（詹桓和祁首冰，2018）；2019 年 10 月 5 日、11 月 3 日和 11 月 28 日，"高分十号"、"高分七号"和"高分十二号"又先后升空，其中"高分七号"卫星是我国首颗民用亚米级光学传输型立体测绘卫星，是高分系列卫星中测图精度要求最高的科研型卫星；2020 年 7 月 3 日，高分辨率多模综合成像卫星成功发射，它是我国空间基础设施"十三五"规划的首发星，具备

亚米级分辨率，并可实现多种成像模式切换。图 1-3 展示了部分高分卫星的数据分发情况（数据统计截至 2020 年 6 月）。

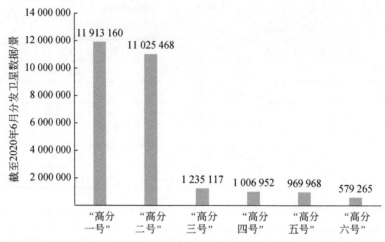

图 1-3　部分高分卫星的数据分发情况（中国高分观测，2020）

近年来，"高景一号"、"北京二号"和"吉林一号"等商业卫星星座的先后发射进一步丰富了我国对地观测系统的内涵（表 1-3）。高分系统与其他观测手段相结合，将形成具有时空协调、全天时、全天候和全球范围观测能力的稳定运行系统。可以说对地观测领域已经正式步入了大数据时代。

表 1-3　中国主要商业小卫星情况表

年份	2005	2015	2016	2017	2018	2019
"吉林一号"		"吉林一号"		"林业一号"，"吉林一号"视频 04/05/06 星	"德清一号"，"林业二号"	"吉林一号"光谱 01/02 星，高分 03A/02A/02B 星
"北京一号"	"北京一号"					
"北京二号"		"北京二号"				
"高景一号"			"高景一号" 01/02			
"珠海一号"				OVS-1A/1B	OVS-2	OHS-3A/3B/3C/3D，OVS-3
"凯盾一号"				"凯盾一号"		
"丽水一号"			"丽水一号"			
"潇湘一号"			"潇湘一号"			
"陈家镛一号"				"陈家镛一号"		

续表

年份	2005	2015	2016	2017	2018	2019
"宁夏一号"						"宁夏一号"
"灵鹊"星座						"灵鹊"1A星
千乘星座						"千乘一号"01星
仪征一号						"仪征一号"
未来号						"未来号"1R星

可以看出，目前全球空间对地观测体系和能力稳步发展，应用的广度和深度不断延伸，服务能力和产业化潜力日益凸显。

1.1.2 对地观测快速发展的驱动因素

1.1.2.1 需求牵引

全球自然灾害的频发、全球气候变化以及对自然资源的开发，使得人类赖以生存的地球已面临多重生态与环境挑战，影响全球经济的可持续发展，如粮食、水与能源的安全、高传染性疾病暴发、环境及生态系统功能的退化以及全球贫困等。2015年9月25日，联合国可持续发展峰会在纽约总部召开，联合国193个成员国在峰会上正式通过17个可持续发展目标，旨在从2015年到2030年以综合方式彻底解决社会、经济和环境三个维度的发展问题，转向可持续发展道路。包括消除贫困、消除饥饿、良好健康与福祉、优质教育、性别平等、清洁饮水与卫生设施、廉价和清洁能源、体面工作和经济增长、工业和创新以及基础设施、缩小差距、可持续城市和社区、负责任的消费和生产、气候行动、水下生物、陆地生物、和平与正义及强大机构、促进目标实现的伙伴关系。几年过去了，许多管理者和科学家逐步认识到对地观测技术在支持可持续发展目标进展上具有决定性的优势作用（Guo，2018）。

2014年1月15~17日，GEO在瑞士日内瓦召开了第十次全会和第三次部长级峰会，会议一致认为要继续推动《GEOSS十年执行计划》的实施。目标是建立一个综合、协调和持续的全球综合地球观测系统，为各国决策者提供从初始观测数据到专门产品的信息服务，提高全球人类的生活质量。GEOSS项目每年投入超百亿美元，在减灾防灾、人类健康、能源管理、气候变化、水资源管理、气象预测、生态系统、农业和生物多样性等多个社会发展领域开展应用和信息服务。

为系统了解固体地球、大气圈、水圈、冰雪圈各个要素的时空分布及相互作用，需要以遥感技术为观测手段的支撑。另外，数字地球也正与数字经济进行深度融合，催生一系列地球大数据相关的研究计划，如美国的"地球立方体"、欧盟的"活地球模拟器"、俄罗斯"数字地球"和中国科学院的"地球大数据科学工程"（郭华东，2018）。这些由政府投资开展的研究计划，不仅是要实现科学和技术的创新，还要充分发挥其在经济方面的效益。这些都与对地观测技术密不可分。无论是《2030年可持续发展议程》的实施，还是GEOSS在信息服务中的应用开展，甚至数字地球计划的推进均需要以卫星遥感为核心的全球综合观测空间信息支撑。

从国家角度，对地观测数据作为重要的战略信息资源，已在国土资源调查、土地利用动态监测、生态环境调查与评估、灾害应急响应与灾后重建以及国防安全等领域发挥着越来越重要的作用。"国家利益在哪里，我们的空间信息保障服务就要延伸到哪里"，建立以卫星遥感信息为核心的全球空间信息保障服务体系，常态化地获取与分析我国乃至全球灾害、资源和环境等信息，是摸清家底资源、落实生态保护政策和履行国际公约、应对气候变化及开展环境外交的需要，是我国美丽中国可持续发展战略、"一带一路"倡议等计划实施的重要支撑手段。

因此，新时期全球计划、国家战略、行业应用等都对对地观测数据和信息的种类、分辨率和时效性提出了更高的要求。

1.1.2.2 技术推动

应用需求促进了许多国家和企业在卫星系统研发和运行方面的投入，而技术进步则为对地观测大数据的获取提供了基础。对地观测数据的获取能力不断增强，推动对地观测进入到天地一体化和全球化的多层、立体、多角度、全方位和全天候的新时代。卫星载荷朝着通用化、轻型化、模块化、智能化的方向发展，卫星生产周期缩短，成本降低，遥感卫星制造的门槛逐渐降低，同时，随着火箭发射、运载能力及星箭分离等技术的发展，一枚运载火箭可同时或先后将数颗卫星送入轨道，进一步降低了卫星发射成本，卫星发射的频率不断提高。卫星遥感技术的发展主要体现以下几个方面。

（1）高空间分辨率数据的商业和民用化

卫星遥感图像的空间分辨率从20世纪70年代的100m左右（MSS），80年代初期的30m（TM），90年代初期的10m（SPOT），到2000年以后逐步进入米级以及亚米级分辨率的时代（如SPOT5、IKONOS、QuickBird、Worldview、GeoEye、Pléiades、"高分二号"等）。卫星遥感图像空间分辨率的不断丰富，有效地满足了商业和民用领域多层次的应用需求，使得卫星遥感数据在应用深度和广度上均有较大发展。

（2）卫星数据的光谱分辨率不断提高

从单波段到多光谱波段以及星载高光谱传感器的投入应用（如"高分五号"），

卫星数据的波谱范围进一步扩大，跨度从可见光到红外和微波，直至全频谱。微波遥感的实用化预示着全天候对地观测时代的到来；多角度测量、测高和成像技术也正逐步走向实用，目标探测将由二维向三维拓展。

（3）时间分辨率进一步提高

由于宽幅、侧视等技术的应用，卫星对同一目标重复观测的时间间隔大幅缩短，特别是卫星星座以及视频遥感卫星的出现，人类可获取实时或者近实时的全球影像。近年来，全球卫星星座建造持续升温。以 Planet Labs Flock、"吉林一号"等为代表的微小卫星、多星星座逐渐成为遥感市场的新热点，开启了对地观测大数据获取的新时代。Planet 是世界上在轨卫星最多的公司，拥有全球最大的卫星星座。2017 年 2 月 15 日，88 颗 Planet Labs Flock 卫星就通过一箭多星的方式搭载升空（Safyan，2017）。截至 2018 年 8 月，该公司拥有 175 个 Planet Labs Flock 卫星（大小约为 10cm×10cm×30cm），联合 13 个 SkySat 卫星和 5 个 RapidEye 卫星，可以实现全球图像的逐日更新。未来，该公司拟结合人工智能（artificial intelligence，AI）技术来记录地球上所有物体的时间。Planet 公司把消费级别的电子元件用于商业卫星制造，加快了卫星的设计建造与更新换代。由于成本低廉，在过去的几年中，Planet 公司已经完成 13 个版本信鸽卫星并成群放飞。

"吉林一号"是我国首个自主研发的商用遥感卫星星座。2030 年，"吉林一号"将实现在轨运行 138 颗卫星，形成全天时、全天候、全谱段数据获取和全球任一点 10 分钟以内的重访能力，可提供全球高时间分辨率和空间分辨率航天信息产品。2015 年 10 月 7 日完成一箭四星的发射；2018 年 1 月 19 日，"吉林一号"卫星星座在轨卫星数量增至 10 颗；2019 年 11 月，"吉林一号"高分 02A 星发射升空，遥感卫星星座"吉林一号"增添第 14 个成员。另外，华讯方舟集团与北京零重空间技术有限公司（以下简称"零重力实验室"）共同发起"灵鹊"遥感星座计划。"灵鹊"星座初期计划由 132 颗 6U 立方星构成，重约 8kg，配备 RGB 全彩空间相机，光学分辨率优于 4m，分别运行在 500km 高度的太阳同步轨道与近地轨道上，以期半天即可覆盖全球。

（4）在轨自动处理技术得到快速发展

遥感卫星本身从单纯的数据获取平台变为数据获取、图像处理和信息提取的综合体。未来，随着在轨处理智能化、自动化的进一步实现，许多目标识别、变化检测等图像处理工作将在星上完成。我们相信，在不远的将来，遥感卫星传回的，将不再仅仅是数据，而是直接可用的信息或知识。此外，对卫星星座的测控，将从地面逐渐过渡到天基。同时，星地传输速度也将进一步加快。

随着星上处理、无线激光通信、火箭回收、一箭多星、微小工厂等颠覆性技术的出现和不断完善，对地观测又将进入一个新的纪元。

1.1.2.3　数据政策

遥感数据开放共享是数据流动的加速器，推动了全球尺度的科学和环境监测产品的研究与发展，持续驱动学科创新，促进人类可持续发展（何国金等，2018）。数据共享政策则是实现遥感数据开放共享的根本保证。国际上许多国家日益重视对地观测数据共享政策的制定。以美国和一些欧洲国家为代表的发达国家先后制定了国家或行业对地观测数据开放共享的政策，以提高国际竞争力和规范国内市场。美国对政府拥有和资助生产的数据采取"完全开放"的共享管理机制，同时提出了边际成本补偿原则以保护数据提供者的利益；对商业公司投资生产的数据采取"平等竞争"的市场化管理机制（Williamson，1997；Gabrynowicz，2007；涂子沛，2012）。这种分级式的共享管理机制极大地促进了对地观测数据的开放共享和广泛应用。欧洲的对地观测数据政策强调以共享为核心，欧空局发布了修正的欧空局对地观测数据政策，将遥感数据使用分为自由使用和有限使用两类，2013年发布的 GMES"哨兵"数据政策则明确了"无歧视性访问"原则，所有用户均可免费获取（ESA，2010；Jutz and Milagro-Pérez，2018）。在国内，2015年国务院批准《国家民用空间基础设施中长期发展规划（2015—2025年）》，指出"十三五"期间将着力完善数据共享服务机制，构建配套的标准规范体系，形成具备国际服务能力的商业化发展模式；2018年3月17日，国家出台了《科学数据管理办法》，从国家层面开展数据共享政策的顶层设计，致力于推动跨部门的数据共享，更加注重公众、企业和国际社会对数据的要求，以期建立更健康、更可持续的数据共享环境。

在政策实施方面，1991年由美国国家航空航天局（NASA）牵头，多国参与建立的地球观测系统（EOS）计划的提出和实施掀起了对地观测技术发展的浪潮。EOS 系统由 ACRIMSAT、Aqua、Terra、Landsat 7、Jason-1 等多颗卫星组成，可在大气、海洋、陆地、生物等多学科领域进行综合应用（Asrar et al.，1992；King and Plantnick，2018）。其中 NASA 的 EOSDIS 系统提供了 Aqua 和 Terra 卫星数据及相关产品的共享服务，在国际遥感科学研究中发挥了重要作用（Meyer et al.，1995；Savtchenko et al.，2004）；2003年，欧空局实施了"哥白尼计划"（GEMS，原称"全球环境与安全监测计划"），强调对地观测平台数据的协调和使用，2004年中欧龙计划项目的开展预示着 Envisat-SAR 数据的逐步开放共享；2008年，美国地质调查局（USGS）开始提供全球陆地卫星数据的共享和下载服务，近年来逐步提供高时空一致性的分析就绪数据（analysis ready data，ARD）产品共享，便于用户直接分析使用（USGS，2017；USGS，2018）。2013年欧空局开始实施 Sentinel 系列卫星数据的共享，为欧洲乃至全球的可持续发展、环境治理以及安全政策提供高质量的数据、信息和知识。国内，2011 年 3 月，中国遥感卫星地面站开始实施面向全国用户的"对地观测数据共享计划"，将中等分辨率的卫星遥感数据实行共享服务，2013 年进一步推出了即得即用（ready to use，RTU）产品共享服务（图 1-4）；2014 年，科学技术部发布国家综合地球观测数据共享平台；2019 年 11 月，在 GEO 2019 年全会开幕式上，国家航天局推出了"中国国家航天局高分卫星 16m 数据共享服务平台（CNSA-GEO 平台）"，发布了相关数据政策，宣布正式将中国高分卫星 16m 分辨率数据对外开放共享。2019 年 11 月 1 日，中国首次在公开场合提出数据可作为生产要素按贡献参与分配。这将对数字经济的发展起到导向作用，指引我们更加重视数据要素，珍惜数据本身的价值。

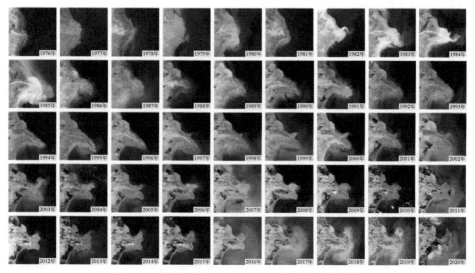

图 1-4　黄河入海口 1976～2020 年时序卫星图像

近年来，对地观测数据的共享呈现出资源整合全球化、技术流程标准化、共享服务信息化等发展趋势，国家之间大规模的共享体系开始形成，如全球综合对地观测系统（GEOSS）等（周成虎等，2008）。GEOSS 通过全球范围的数据整合与集成实现对地观测数据全球性开放共享，并向用户提供数据、信息和知识三大类产品和技术服务（顾行发等，2016；GEO，2018）。在数据政策的驱动下，对地观测数据开放共享的深度和广度都在不断加强，对地观测数据的流动性也在逐步提高。遥感数据的开放共享是推动对地观测进入大数据时代的重要因素之一。

1.2 大数据背景下遥感信息服务面临的挑战和机遇

1.2.1 对地观测大数据的特点分析

前已述及，对地观测数据的种类越来越多，空间分辨率、光谱分辨率和时间分辨率不断提高，数据量持续积累，更新频率逐渐加快，并具有很高的应用价值。对地观测数据不仅具有鲜明的大数据"4V"（volume，规模性；velocity，高速性；variety，多样性；value，价值性）共性特征，而且还有异构、多尺度、非平稳等其他本质特性（何国金等，2015）。

（1）海量

对地观测大数据具有海量数据特点，高分辨率、高动态的新型卫星传感器不仅波段数量多、光谱和空间分辨率高、数据速率高、周期短，而且数据量特别大，仅 EOS-AM 和 PM 每日获取的遥感数据量就达太比特级，全球对地观测数据已经达到艾比特级。"高分六号"卫星是我国国家科技重大专项"高分辨率对地观测系统重大专项"成功发射的第六颗卫星。"高分六号"卫星配备了 1 台 16m 分辨率多光谱宽幅相机，在"高分一号"卫星 4 个波段的基础上，增加了 4 个波段，一共 8 个波段，16m 相机幅宽为 800km。该星与"高分一号"卫星组网实现了对我国陆地区域 2 天的重访观测，极大提高了遥感数据的获取规模和时效。"高分六号"卫星于 2018 年 6 月 2 日 12 时 13 分成功发射，2018 年 6 月 4 日 9 时 47 分，中国遥感卫星地面站密云站按计划成功跟踪、接收到"高分六号"卫星首轨载荷成像数据，首轨数据接收任务时长为 6min，完成总计 40GB 数据的实时接收、记录和传输。

（2）多源

对地观测数据的多源特性表现在数据来源和获取手段多样，既有来自分布全球的观测网络实时接收的大量遥感数据、通过不同卫星传感器获得的多源卫星遥感数据，也有通过航空拍摄获得的遥感数据，还包括大众用户通过互联网和带有地理信息的手持终端设备提供的个性化信息。另外，主、被动遥感在成像机理和成像模型等方面也存在巨大的差异。

（3）多时相

卫星通常按固定的轨道周期对地球进行重复观测，遥感图像是某一时刻传感器对地观测的记录。单颗卫星重访频率的提高和在轨卫星数量的不断增加使得对地观测的采样间隔逐渐缩短，数据获取的频率大幅度增加。通过地面传感网等手段获取对地观测大数据的频率则更高。图 1-5 显示了内蒙古河套平原地区 2019 年度各月份所获取的 Sentinel-2 遥感卫星影像（采用 12、8A 和 05 波段合成彩色图像），反映出该地区农作物的生长状况。

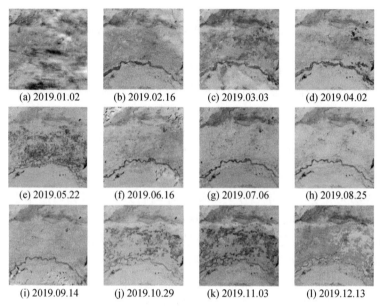

(a) 2019.01.02　　　(b) 2019.02.16　　　(c) 2019.03.03　　　(d) 2019.04.02

(e) 2019.05.22　　　(f) 2019.06.16　　　(g) 2019.07.06　　　(h) 2019.08.25

(i) 2019.09.14　　　(j) 2019.10.29　　　(k) 2019.11.03　　　(l) 2019.12.13

图 1-5　内蒙古河套平原地区 Sentinel-2 遥感影像

（4）高价值

对地观测数据的价值体现在商品价格和应用价值两个方面。虽然中低分辨率卫星数据已经逐步实现共享，但国际上高分辨率卫星遥感数据的价格仍然不菲，按数据种类的不同，每平方千米的价格在几十元到几百元人民币不等；实际上，对地观测数据的应用价值更为可观。对地观测数据不仅在科学研究、生态环境、土地资源、自然灾害和重大工程的监测与评估等方面得到广泛应用，而且也在数字地球、智慧城市建设中发挥着重要作用，并逐步深入到大众生活，产生了巨大的经济价值和社会价值。

（5）其他特征

对地观测数据还包含其他特征如异构、多尺度、非平稳等。对地观测大数据的异构性一方面表现为系统异构，即数据生产所依赖的业务应用系统存在差异，如数据来自不同的数据中心；另一方面表现为模式异构，数据的逻辑结构或组织方式不同。多尺度是对地观测大数据的重要特征，这是由于对地观测系统是由不同级别的子系统组成，各个系统都有各自的时空尺度，因而对地观测大数据也具有空间多尺度和时间多尺度的特点，在不同的观察层次上所遵循的规律和体现的特征不尽相同。对地观测大数据因为具有广泛的获取方式和物理意义，因此从信息理论来说是典型的非平稳信号，即分布参数或者分布规律随时间发生变化，非平稳性正是经典遥感数据挖掘与分析理论所忽视的。

1.2.2 对地观测大数据处理面临 "数据密集型计算" 问题

对地观测大数据处理的目标是将对地观测数据系统地、持续地转化为具有应用价值的信息数据，全流程的对地观测数据处理过程包括数据接收、数据记录、数据传输、数据预处理-零级处理（L0）、辐射校正（L1）、几何校正（L2）、深加工处理-精校正（L3）、正射校正（L4）、镶嵌、信息提取（如图像分类、气溶胶反演等）、专题应用（如海上溢油）等多个环节。每个环节上的处理耗时都将影响整个对地观测大数据系统的处理效率。2019年11月4～6日，中国遥感卫星地面站成功完成了 "高分七号" 卫星多种调制方式、多种码速率卫星数据的自适应、全自动可靠接收，最高数据码速率达到1.2Gbps×2（"高分七号" 卫星采用双通道数据传输方式，每个通道的最高数据码速率达到1.2Gbps）。在整个对地观测数据处理流程中，卫星数据在接收、记录和传输阶段基本具备实时处理能力。但是，在数据预处理、深加工处理、信息提取以及专题应用等环节中，其数据吞吐速率直线下降，只有卫星下行码速率的1%～30%（马艳，2013）。

在传统的服务模式中，卫星地面数据处理系统常采用订单任务方式，只对少量用户请求的卫星数据进行处理，而大部分卫星数据则直接保存在数据存档系统中。随着我国卫星接收站网布局的扩大以及数据中继卫星的发展，卫星下行数据量将大幅提高，用户的需求将不满足于原始数据，而更希望得到直接可用的高级产品甚至信息，这无疑将给对地观测数据处理的全流程带来巨大的数据吞吐压力，尤其是对于数据处理速率低且相当费时的深加工、信息提取以及应用处理等环节。庞大的数据吞吐压力使得这些处理环节往往面临 "数据密集型计算" 挑战性问题（何国金等，2015）。

1.2.3 对地观测数据增值服务需求日益旺盛

进入21世纪以来，各种商业卫星遥感数据不断涌现，高分辨率卫星影像的应用日益广泛，卫星遥感增值服务市场欣欣向荣。特别是美国国家航空航天局（NASA）和欧洲空间局（ESA）实行的卫星遥感数据共享以及低价商业分发政策，进一步推动了世界卫星遥感增值服务市场的快速发展。

　　由于原始数据销售的利润越来越低，世界卫星运营商已调整其发展战略以适应这种形势，即把增值服务作为获取新的利润增长点的一个最重要战略加以重视和发展。法国 SPOT Image 把"大力发展经加工处理的'增值产品'和归档的、可多次销售的现成品"作为提高竞争力和获取利润的手段之一。Digital Global 在不同的场合宣传自己"不仅仅是卫星数据提供商，同时也是信息的服务商"。增值服务已成为相关遥感机构关注的焦点，也将成为其获取利润的有效举措。实际上，行业应用也对遥感数据增值产品有广泛的需求。欧洲咨询公司 2019 年 10 月发布的《2028 年前卫星对地观测市场预测报告》中预测未来对地观测卫星数据与服务市场将以年均 9.4% 的速度增长，预计到 2028 年市场总规模有望达到 121 亿美元。该公司研究发现海量多源数据分析正在推动创收手段从图像数据到增值服务的转变，能够提供增值服务的企业其行业机遇逐渐增加。Forecast International 在《2013～2022 年全球民用 & 商业遥感卫星市场》报告中预测，2013～2022 年全球将发射 113 颗遥感卫星，市场规模将达到 196 亿美元。该报告认为，尽管军队和政府仍然是遥感卫星数据的主要用户，但商业市场发挥着越来越重要的作用。对于非专业用户，卫星运营商将更多地提供经过深加工处理后的信息，而不是原始数据，以进一步扩大市场。正如 Frost & Sullivan 公司 2011 年发布的《亚太地区卫星对地观测市场》研究报告中指出的那样：遥感市场的未来依赖于增值服务，该领域的竞争非常激烈。目前，卫星图像作为一种商品，从卫星图像提取有用信息的增值服务将决定商品的价值。对于相关企业来说，未来发展的方向将是从卫星图像供应商转变为信息服务商（http://www.researchandmarkets.com/reports/1803560/asia_pacific_satellitebased_earth_observation）。卫星的制造和发射都不是价值链的关键环节，利用卫星收集数据仅仅是开始，更大的市场空间存在于对海量数据的处理和个性化服务，这就需要依托于强大的数据平台和数据处理方式去实现，这才是整个行业的核心价值所在，也是使整个行业实现增值的关键（陈运红，2017）。

　　同时，由于卫星分辨率的不断提高，处理数据量随之提升，直接使用这些数据对用户来说变得更为困难。一方面，对地观测数据需要经过一定的增值处理，才能作为可用数据被行业应用所使用。尽管人们普遍认识到对地观测数据的应用价值，不断增加的数据源对数据信息增值处理人员所具备的专业知识水平要求也逐渐提高，一般应用领域难以直接使用未经增值处理的数据。另一方面，伴随可用数据源种类的扩展，在某些分析中考虑的数据量变得异常庞大，用户无法在个人计算机上进行操作，这对于传统的工作流程而言是极大的挑战。举例来说，生成一幅 30m 分辨率的除我国南海、东海以外的陆地部分的卫星影像图，共需要 537 景 Landsat 5 卫星数据，其处理过程包括数据的正射校正、投影转换、色彩均衡、图像镶嵌以及图像增强等步骤，利用普通计算机往往需要花费几天甚至十几天的时间来完成。使用分辨率更高的"高分一号"卫星数据制作全国影像图则需要约 15 000 景数据，成图大小约 20TB。从对地观测数据处理全流程分析可知，这些环节恰恰面临对地观测数据的"数据密集型计算"问题（何国金等，2015）。

1.2.4 应用的深入迫切需要新的服务模式

1.2.4.1 从被动服务到主动服务的转变

长期以来，遥感数据的分发都是按照"接收—处理—存档—分发"的流程来进行的。一般而言，数据提供商首先需要完成遥感数据的接收与处理，并对数据进行归档入库，然后用户才能通过检索、下订单的方式来订购或下载数据。在这种分发模式下，从数据提供商接收遥感数据到用户拿到数据产品通常需要几天甚至更长的时间。随着对地观测领域传感器技术的发展、海量多源遥感数据获取能力的提高，多源数据处理呈现出精细化分工与协同式综合并存的发展局面；同时，各种遥感应用往往又需要得到不同卫星、不同区域或国家数据中心的数据支持，这对遥感数据处理甚至信息、知识的获取提出了复杂多样的新需求。因此，在需求驱动下，如何从以往被动的遥感数据服务模式转变为主动的按需信息服务模式是我们面临的现实挑战（何国金等，2015）。

1.2.4.2 从提供数据到提供信息、知识服务的转变

目前，对地观测大数据的利用率仍较低，其潜在价值还没有充分发挥出来。"数据爆炸、信息贫乏、知识难求"的问题依然存在。其主要原因之一在于缺乏对地观测数据信息挖掘的高效手段，遥感数据难以向信息、知识方面转化。在大数据背景下，人们的科研范式在逐步改变，这种矛盾愈加突出。一方面，遥感应用的分析对象不断发生变化，以前往往只涉及单源单模态数据的部分数据的处理；在大数据时代，则需通过数据驱动来实现对变化信息的挖掘和知识发现。因此，处理对象不再是单一的遥感数据，而是包含了导航、通信、遥感和其他地学相结合的多模态"大"数据。另一方面，人们对遥感数据的分析需求向纵深发展，主要表现在应用者不再满足于表层信息的获取，而是更渴望获得复杂关联的深层特征，甚至是决策知识。例如在农业保险遥感应用中，需要从遥感数据中直接获取年度、季度、月度、每天甚至每小时的农作物面积、种类、受灾等级、损失等信息，这对遥感数据实时处理、信息挖掘和大数据分析能力提出了前所未有

的挑战。面对每天拍比特级的海量数据,如何将它们快速有效地转化成用户可以直接使用的信息和知识?答案就是数据驱动的遥感信息服务的智能化与工程化。如美国卫星数据分析公司 Orbital Insight 已经与 DigitalGlobe、Airbus、NASA、Planet 等多家机构开展合作,利用人工智能等新的技术手段,实现多源卫星遥感数据的自动化处理,为各类政府和商业机构提供快速有效的信息服务(李德仁,2019a)。可以预见,人工智能技术的不断发展必将带动遥感大数据应用的深刻变革。

1.2.4.3 从行业应用到产业化、大众化服务的转变

随着移动互联网技术的发展,特别是 5G 时代的到来,所有的 APP 都变成了基于位置服务的应用场景,这对遥感信息服务产生了巨大影响。当分辨率足够高时,遥感图像可获取人类生活的精细信息。通过卫星跟踪商业区停车场中车辆的类型、变化,可以间接预测和评估该商业区的经营状况;根据矿产开发区的时序遥感图像可大致判断矿区的产能。李德仁院士指出:时空大数据智能处理的根本目的是使时空大数据真正进入生产生活的决策中去,即时空大数据的社会化应用。在 5G 和大数据时代,可以实现从"对地观测"向"对人(社会)观测"的转变,通过对地观测和对人观测的结合来更好地研究人地关系,促进地球空间信息服务的社会化和大众化(李德仁,2019b)。

视频遥感卫星的出现有望让人类实时地获取地表动态图像,及时洞察地表变化,构建实时动态的数字地球。因此,我们应更注重于遥感大数据的挖掘与分析,把大数据预测与决策服务变成遥感信息服务的重要内容,让人们在决策前得到更客观的变化信息。未来,应大力推进卫星资源的共享,真正形成产业化的实时遥感服务。

1.3 大数据背景下遥感信息服务的几点思考

人们已经认识到对地观测大数据和由其产生的信息对认识与理解地球自然过程,认知地球系统的当前状态,并预测其未来发展趋势至关重要。但同时,对地观测大数据以极大的数据量为特征,表现出各种各样的形式,需要使用专门的信息挖掘和知识发现方法才能获取其所蕴含的丰富信息。如何对对地观测大数据进行有效组织和管理,从而便于用户对其进行分析和使用?如何便捷高效地分析对地观测大数据,帮助科学家们获取研究地球系统所需要的知识?如何针对特定应用领域(如气候、自然资源、环境、农业、安全),提供直接可用的对地观测数据和信息服务?这些都是大数据背景下遥感信息服务所面临的问题。当前,遥感

信息服务面临着不同类型和结构的数据整合、海量数据的高效能计算、智能算法的遥感适用性、数据准确性等一系列挑战。应从遥感数据工程、遥感数据智能和遥感服务模式三个方面开展创新性的研究工作（何国金等，2015）。

1.3.1 遥感数据工程建设

伴随对地观测数据源种类的增加，数据处理量在不断加大，数据处理过程面临多种挑战：海量时序数据获取和存储、多种文件格式的解析、数据库的高效组织与管理、计算任务的分配与协调、多种地理空间数据处理软件/算法的协同等等。因此，我们应从工程视角来理解遥感数据科学，原有"将数据带到用户端处理"的工作模式应当转变为"把用户带到数据端"的新模式。为了实现这种转变，需在数据结构、数据组织与存储、处理算法及分发机制等方面开展深入研究，通过整合资源、优化数据组织，建立时序动态数据立方体，形成便于用户直接应用的数据产品。因此，遥感数据工程建设的最主要目的之一是为高效的遥感信息挖掘提供基础数据产品，即具有辐射归一化、几何标准化、剖分网格化等特点的即得即用（RTU）遥感数据产品（He et al.，2018）。

1.3.2 遥感数据智能提升

对地观测进入大数据时代，人们逐步认识到数据驱动在推进遥感应用方面的重要作用。数据驱动的核心是数据智能，即不人为设定特征和模式，而是通过对大量的已知数据进行分析得出之前未知的知识和规律。遥感数据智能专注于从遥感数据中发现知识，推进地球系统认知并辅助决策。遥感数据智能通过挖掘遥感数据工程所提供的即得即用（RTU）产品获得信息和知识，从而为决策或行动提供支持。因此，遥感数据智能是大数据背景下遥感信息服务的必然需求。

对地观测大数据处理算法复杂、流程众多。同时必须注意到，对地观测大数据来源不仅仅是单一的空间传感器，地面观测、互联网和社交媒体等也已成为对地观测数据的重要来源。对于多源、高维、异质和复杂关联的对地观测数据，需要开展新型智能处理算法与处理模式的研究：借助智能信息处理技术，尤其是信号处理、图像处理、模式识别和人工智能的前沿成果，开发新型处理算法，提高遥感数据处理的智能化程度和效率，降低处理算法的复杂度，从根本上提高对地观测大数据处理效率。在这一过程中，需要重点研究对地观测大数据的表征、学习、挖掘和知识发现的理论与方法，以及适合对地观测大数据的时空融合、信息提取、目标认知、智能解译技术等（张兵，2018）。例如，深度学习能够自动地学习特征，并对特征逐层抽象提取，进而帮助人类发现隐含的规律和知识；新型计算模式，如认知计算、群智感知、众包计算等，为对地观测大数据的协同处理与高效组织提供了全新的机遇。借助这些新型对地观测大数据的计算模式，有望更好地促进对地观测大数据处理中"数据密集型计算"问题的解决，满足人类社会生活对空间信息的需求。

1.3.3 转变遥感信息服务模式

面向未来发展和用户需求，依托中国遥感卫星地面站基础设施和数据资源，中国科学院空天信息创新研究院何国金团队开展了新一代遥感数据服务模式研究，构建了大数据背景下遥感信息服务的框架（He et al., 2019）。遥感大数据智能信息服务框架主要包括三个步骤（图 1-6）：第一步是集成多个卫星接收站的卫星下行数据和来自多源归档数据库的历史数据，建立数据工程；第二步是进行数据智能计算，发现数据中蕴含的知识；第三步是主动将获得的信息推送给用户。"平台即服务，平台即共享"是遥感大数据智能信息服务模式的重要特征。

在遥感数据工程方面，重点建设 RTU 产品库，向用户提供标准化、系列化和多样化的数据产品。

在遥感大数据智能计算方面，以人工智能、认知计算和其他前沿技术为基础，构建和开发智能信息提取模型。集成视觉注意、深度学习、迁移学习和增量学习技术，建立协同认知模型，通过结合实例、特征、参数和知识，将历史存档数据和卫星下行数据的信息价值充分挖掘和发挥出来。

在信息的主动推送方面，首先，不仅要利用互联网传统的 Web 客户端，而且要利用移动互联网客户端，将从遥感大数据中获得的信息及时主动地推送至普通用户手中；其次，基于大数据分析技术研究特定用户的行为和需求，为用户提供个性化的定制推送服务。最后，采用众包服务的方式实现遥感训练样本采集、精度检验和知识反馈。通过互惠共赢的方式使越来越多的用户参与并享受遥感大数据所提供的信息服务。例如，采用即时检测服务，可以从遥感卫星下行链路数据中快速提取可疑火点的位置信息。为了验证信息提取的准确性，可以将消息推送给特定用户，让用户确认是否有火灾、火点位置精度如何等。这种众包服务可以提高信息服务的准确性和效率。

遥感大数据智能信息服务框架集数据、计算和服务于一体，在转变传统遥感数据服务的内容和方式的基础上，创新服务方式和共享模式，推动对地观测数据的广泛深入应用。郭华东在 Nature 发表的题为"构建数字丝路"的评论文章中指出，为满足庞大且日益快速增长的"一带一路"地球大数据应用需求，既要

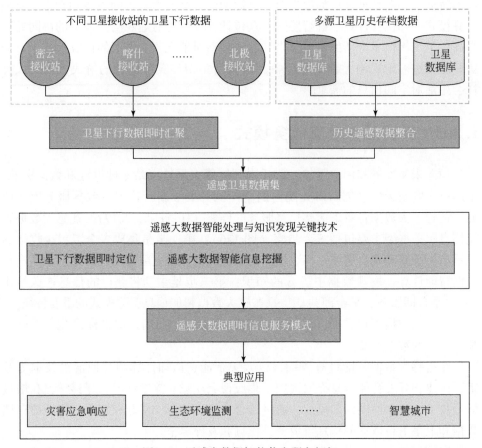

图 1-6　遥感大数据智能信息服务框架

建立能够共享数据、代码、方法的开放平台，实现对已有对地观测数据的科学分析及未来卫星数据的集成应用，提高"一带一路"数据共享和互通互用能力，又要探索大数据驱动的科学研究新范式，推广地球大数据应用服务，服务于全球可持续发展（Guo，2018）。

参 考 文 献

艾瑞咨询．2020.2020 年太空资源开采及天基制造行业研究报告．https：//mp. weixin. qq. com/s/
　　sG251wWflH6tuRLj8pcooQ［2020-09-18］．
陈运红．2017．遥感小卫星引领百亿美金蓝海市场．https：//www. sohu. com/a/159907759_466840
　　［2019-06-18］．
高峰，冯筠，侯春梅，等．2006．世界主要国家对地观测技术发展策略．遥感技术与应用，6：
　　565-576.

顾行发，余涛，田国良，等 . 2016. 40 年的跨越——中国航天遥感蓬勃发展中的"三大战役". 遥感学报，20（5）：781-793.

郭华东 . 2014. 全球变化科学卫星 . 北京：科学出版社 .

郭华东 . 2018. 地球大数据科学工程 . 中国科学院院刊，33（8）：818-824.

航天长城 . 2020. 对地观测卫星的未来 . https：//mp. weixin. qq. com/s/OlY2BIEoMAKftu5U85_J7w［2020-09-18］.

何国金，张晓美，焦伟利，等 . 2005. 基于数据挖掘机制的卫星遥感信息智能处理方法研究 . 科学技术与工程，5（24）：1911-1915.

何国金，王力哲，马艳，等 . 2015. 对地观测大数据处理：挑战与思考 . 科学通报，60（5）：470-478.

何国金，王桂周，龙腾飞，等 . 2018. 对地观测大数据开放共享：挑战与思考 . 中国科学院院刊，33（8）：25-32.

李德仁 . 2019a. 论时空大数据的智能处理与服务 . 地球信息科学学报，21（12）：1825-1831.

李德仁 . 2019b. 展望 5G/6G 时代的地球空间信息技术 . 测绘学报，48（12）：1475-1481.

李明俊 . 2020. 2020 年全球遥感卫星发射市场现状与发展趋势分析 . https：//www. qianzhan. com/analyst/detail/220/200430-9232df5d. html［2020-09-17］.

马艳 . 2013. 数据密集型遥感图像并行处理平台关键技术研究 . 北京：中国科学院电子学研究所 .

涂子沛 . 2012. 大数据：正在带来的数据革命，以及它如何改变政府、商业与我们的生活 . 桂林：广西师范大学出版社 .

王龙飞 . 2014. 国产卫星数据在地质灾害遥感调查中的应用研究 . 北京：中国地质大学 .

邢强 . 2020. 全球在轨卫星报告 2020 版 . https：//mp. weixin. qq. com/s/Co4DQ5L_eOibjNvXZ5kteQ［2020-09-17］.

徐冠华，葛全胜，宫鹏，等 . 2013. 全球变化和人类可持续发展：挑战与对策 . 科学通报，58（21）：2100-2106.

詹桓，祁首冰 . 2018. "高分"三星齐飞天 民用光学业务星座开启新征程——访高分一号 02，03，04 卫星总指挥白照广 . 国际太空，4：4-7.

张兵 . 2018. 遥感大数据时代与智能信息提取 . 武汉大学学报（信息科学版），43（12）：108-118.

中国高分观测 . 2020. 高分卫星运行与数据分发报告（2020 年 6 月）. https：//mp. weixin. qq. com/s/2uvgPAj0Y57rqrYo8meing［2020-09-18］.

中国资源卫星应用中心 . 2018. 中国资源卫星应用中心陆地观测卫星数据服务平台 . http：//218. 247. 138. 119：7777/DSSPlatform/index. html［2019-06-20］.

周成虎，欧阳，李增元 . 2008. 我国遥感数据的集成与共享研究 . 中国工程科学，10（6）：51-55.

Asrar G，Tilford S G，Butler D M. 1992. Mission to planet earth：earth observing system. Palaeogeography，Palaeoclimatolofy，Palaeoecology，6（1）：3-8.

ESA. 2010. Revised ESA earth observation data policy. https：//earth. esa. int/web/guest/-/revisedesa-earth-observationdata-policy-7098 [2020-05-01].

Gabrynowicz J I. 2007. The land remote sensing laws and policies of national governments: a global survey. http://www.spacelaw.olemiss.edu/resources/pdfs/noaa.pdf[2020-01-03].

GEO. 2015. GEO strategic plan 2016-2025: implementing GEOSS. https://www.earthobservations.org/documents/GEO_Strategic_Plan_2016_2025_Implementing_GEOSS.pdf[2019-06-20].

GEO. 2018. Geohazard Supersites and Natural Laboratories (GSNL) initiative "supersites definitions". https://www.earthobservations.org/gsnl_docs.php[2019-06-20].

Guo H D. 2018. Steps to the digital Silk Road. Nature, 554: 25-27.

He G, Zhang Z, Jiao W, et al. 2018. Generation of ready to use (RTU) products over China based on Landsat series data. Big Earth Data, 2: 1, 56-64.

He G, Wang G, Long T, et al. 2019. Information services of big remote sensing data//Li J, Meng X, Zhang Y, et al. Big Scientific Data Management. Cham: Springer.

Jutz S, Milagro-Pérez M P. 2018. Reference module in earth systems and environmental sciences. Copernicus Program, 1: 150-191.

King M D, Plantnick S. 2018. The Earth Observing System (EOS). Comprehensive Remote Sensing, 1: 7-16.

Meyer T, Suresh R, Ilg D, et al. 1995. Mosaic, HDF and EOSDIS: providing access to earth sciences data. Computer Networks and ISDN Systems, 28 (1-2): 221-229.

Ryder P, Stel J H. 2003. An introduction to the Global Monitoring for Environment and Security (GMES) initiative. Elsevier Oceanography Series, 69: 622-666.

Safyan M. 2017. Planet to launch record-breaking 88 satellites. https://www.planet.com/pulse/record-breaking-88-satellites/[2020-11-07].

Savtchenko A, Ouzounov D, Ahmad S, et al. 2004. Terra and Aqua MODIS products available from NASA GES DAAC. Advances in Space Research, 34: 710-714.

USGS. 2017. U.S. Landsat Analysis Ready Data (ARD). https://landsat.usgs.gov/ard[2019-12-01].

USGS. 2018. U.S. Landsat Analysis Ready Data (ARD). https://landsat.usgs.gov/ard[2019-12-01].

Wang L, Lu K, Liu P, et al. 2014. IK-SVD: dictionary learning for spatial big data via incremental atom update. Computing in Science and Engineering, 16 (4): 41-52.

Williamson R A. 1997. The landsat legacy: remote sensing policy and the development of commercial remote sensing. Photogrammetric Engineering & Remote Sensing, 63 (7): 877-885.

第 2 章 | 遥感数据工程

遥感数据作为科学数据的一种，具有大数据的 4V（volume，规模性；velocity，高速性；variety，多样性；value，价值性）特征。其潜在的应用价值还没有被充分发挥。为此，本章从工程化的角度理解遥感数据，以"数据—知识—服务"为主线，从全生命周期出发来开展遥感数据工程建设。

遥感数据工程建设的主要目的之一是为高效的遥感信息挖掘提供基础数据产品，我们称为即得即用（RTU）产品（He et al., 2018）。该类产品具有辐射归一化、几何标准化、剖分网格化等特点，便于用户直接应用。2013 年，在"中国科学院一三五突破项目"支持下，依托中国遥感卫星地面站的数据资源，逐步开展了即得即用（RTU）产品的关键技术和系统研发；进一步，2018 年在中国科学院战略性先导科技专项（A 类）"地球大数据科学工程"——"CASEarth Databank 系统建设"课题的支持下，卫星遥感数据 RTU 产品不断完善与丰富。本章主要介绍遥感数据工程建设过程中的几何标准化、辐射归一化，以及遥感数据 RTU 产品体系。

2.1　遥感数据几何标准化

在大数据时代背景下，要实现海量遥感数据的协同分析（如遥感数据的时间序列分析、异构遥感数据的协同分析等），必须对其进行几何标准化处理，使得多源、多时相的遥感数据在空间上严格对齐，以尽可能减少因几何不一致导致的分析误差。

2.1.1　对地观测空间基准

空间基准是确定地球上物体空间位置的参考基准，是地球空间信息的几何形态和时空分布的基础。要实现几何标准化处理，首先需要定义统一的对地观测空间基准，包括地球椭球体、坐标系统和地图投影。

2.1.1.1　地球椭球体

众所周知，我们生活的地球是一个近似的球体。地球的自然表面是一个极其复杂而又不规则的曲面，有高山、丘陵、平原、凹地和海洋。地球上最高点珠穆朗玛峰高出海平面 8800 多米，已知海底最深点马里亚纳海沟低于海平面 11 000 多米，两点相差近 2 万米。由于地球表面形状不规则，无法用数学公式表达，给地球的空间表示和与地球相关的研究与应用带来困难。因此，在地球科学领域中，人们需要寻找一个形状和大小都很接近地球的球体或椭球体来代替地球，这个椭球体就是地球椭球体，椭球面被称作地球椭球面。地球的自然表面可以通过海平面、大地水准面、椭球面这几个球面来近似表示（张剑清等，2003）（图 2-1）。

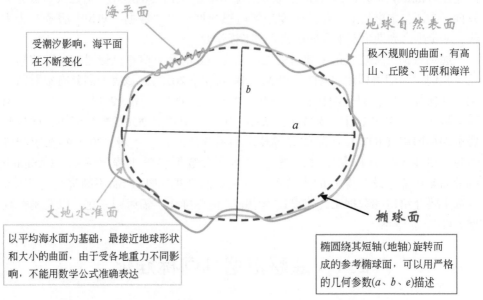

图 2-1　地球自然表面、海平面、大地水准面、椭球面示意图

　　水准面是一个处处与重力方向垂直的连续曲面。设想有一个自由平静的海水面，向陆地延伸而形成一个封闭的曲面，我们把自由平静的海水面称为水准面。

　　大地水准面也就是测量的基准面。完整的水准面是被海水包围的封闭曲面。这样的水准面有无数个，其中最接近地球形状和大小的是通过平均海水面的那个水准面，这个唯一而确定的水准面叫大地水准面。

　　由于地球内部质量分布不均匀，地面上各点的重力方向即铅垂线方向产生不规则的变化，因而大地水准面实际上是一个有微小起伏的不规则曲面。在测量上选用椭圆绕其短轴旋转而成的参考旋转椭球体/面，作为测量计算的基准面。

　　地球椭球体/面的形状和大小可以用椭球元素表示，即长半径（赤道半径）、短半径（极轴半径）、扁率、第一偏心率和第二偏心率。

2.1.1.2 坐标系统

地球坐标系统的精确定义对于精确确定地面点的空间位置是十分重要的。国际地球自转与参考系统服务（International Earth Rotation and Reference System Service，IERS）定义坐标系统是提供原点、轴向、定向及时间演变的一组协议、算法和常数（姚宜斌等，2007）。

（1）大地坐标系

大地坐标系是建立在一定的大地基准上的用于表达地球表面空间位置及其相对关系的数学参照系，这里所说的大地基准是指能够最佳拟合地球形状的地球椭球的参数及椭球定位和定向（许才军和张朝玉，2009）。椭球定位是指确定椭球中心的位置，可分为局部定位和地心定位。局部定位要求在一定范围内椭球面与大地水准面有最佳的符合，而对椭球的中心位置无特殊要求；地心定位要求在全球范围内椭球面与大地水准面有最佳的符合，同时要求椭球中心与地球质心一致或最接近。椭球定向是指确定椭球旋转轴的方向。不论是局部定位还是地心定位，都应满足两个平行条件：①椭球短轴平行于地球自转轴；②大地起始子午面平行于天文起始子午面。根据原点位置不同，可以将地球坐标系统分为地心坐标系统（以总地球椭球为基准的坐标系）和参心坐标系统（以参考椭球为基准的坐标系）。参心坐标系是一个局部坐标系，所选的参考椭球最接近于某个地区或国家。我国使用的 1954 北京坐标系（BJ54 坐标系）和 1980 国家大地坐标系（C80 坐标系）为参心坐标系，2000 国家大地坐标系（CGCS2000）、WGS-84 坐标系等为地心坐标系。下面着重介绍两种遥感图像几何标准化处理中常用的坐标系。

1）WGS-84 坐标系。美国曾先后建立过世界大地坐标系（World Geodetic System，WGS）WGS-60，WGS-66，WGS-72。于 1984 年开始，经过多年修正和完善，建立起更为精确的地心坐标系统，称为 WGS-84。该坐标系是一个协议地球参考系（conventional terrestrial system，CTS），其原点是地球的质心，Z 轴指向 BIH1984.0 定义的协议地球极（conventional terrestrial pole，CTP）方向，X 轴指向 BIH1984.0 零度子午面和 CTP 赤道的交点，Y 轴和 Z 轴、X 轴构成右手坐标系。WGS-84 椭球采用国际大地测量与地球物理联合会（IUGG）第 17 届大会大地测量常数推荐值。构成有效的 WGS-84 参考框架的站坐标是那些永久性的美国国防部 GPS 监测站。

2）2000 国家大地坐标系。国务院批准自 2008 年 7 月 1 日启用我国的地心坐标系——2000 国家大地坐标系，英文名称为 China Geodetic Coordinate System 2000，英文缩写为 CGCS2000［《关于印发启用 2000 国家坐标系实施方案的通知》（国测国字〔2008〕24 号）］。CGCS2000 国家大地坐标系的原点为包括海洋和大气的整个地球的质量中心，Z 轴由原点指向历元 2000.0 的地球参考极的方向，该历元的指向由国际时间局给定的历元为 1984.0 的初始指向推算，X 轴由原点指向格林尼治参考子午线与地球赤道面（历元 2000.0）的交点，Y 轴与 Z 轴、X 轴构成右手正交坐标系。

（2）高程系统

高程基准定义了陆地上高程测量的起算点。高程基准可以用验潮站的长期观测平均海平面来确定，定义该平均海平面的高程为零。我国的水准原点在青岛黄海验潮站。高程基准有 1956 黄海高程基准和 1985 国家高程基准。1956 黄海高程基准指根据 1950～1956 年验潮站资料推算出青岛水准原点的高程为 72.289m。1985 国家高程基准指根据 1952～1979 年验潮站资料推算出 1985 国家高程基准高程为 72.260m，比 1956 黄海高程基准低 0.029m。

根据起算面不同，高程基准有正常高和大地高。正常高的起算面是大地水准面，地面点沿垂线方向到大地水准面的高程为正常高。大地高的起算面是参考椭球面，地面点沿法线方向到参考椭球面的高程为大地高。

2.1.1.3　地图投影

地图投影学是将地球球面转换为平面的理论和方法。地图投影是在几何投影的基础上发展起来的，其实质就是将球面上的经纬网按照一定的数学法则表示到平面上（胡毓钜等，1986）。不同的地图投影之间可以依照投影公式进行转换，但遥感影像在投影转换（重投影）的过程中会因插值带来一定的精度损失。由于球面不可展，球面到平面的投影变形是不可避免的。地球表面的长度、面积、角度经过投影，一般其量、值都会发生某种变化。实际应用中可根据研究区域和精度要求的不同采用相应的投影方式。表 2-1 列出几种常见投影及用途。下面介绍遥感图像处理中经常用到的几种投影。

表 2-1　几种常见投影及用途

类型	投影名称	用途
方位投影	正轴等积方位投影（兰伯特等积方位投影）	南北两极图
	正轴等角割方位投影（通用极球面投影，UPS 投影）	南北两极地形图
圆锥投影	正轴等面积割圆锥投影（阿尔伯斯投影）	中国及分省图
	等角割圆锥投影（兰伯特投影）	中国及分省图，小比例尺地形图（1∶100 万）
圆柱投影	正轴等角切圆柱投影（墨卡托投影）	航海图
	横轴等角切（椭）圆柱投影（高斯-克吕格投影）	国家基本比例尺地形图系列［（1∶5000）～（1∶50 万）］

类型	投影名称	用途
圆柱投影	横轴等角割（椭）圆柱投影 （通用横轴墨卡托投影，UTM 投影）	美国地形图，分带卫星遥感影像
	等面积伪圆柱投影（正弦曲线投影， 桑逊投影）	MODIS 影像、小比例尺全球图
	球体圆柱投影（伪墨卡托投影， Web 墨卡托投影）	网络地图

（1）墨卡托投影

墨卡托（Mercator）投影又名正轴等角切圆柱投影，是荷兰地图学家墨卡托（Mercator）在 1569 年创造的。墨卡托投影的经线和纬线都是平行直线，且相互正交。因其具有等角特性，迄今还是广泛应用于航海、航空的重要投影之一。

（2）高斯–克吕格投影

高斯–克吕格是一种横轴等角切（椭）圆柱投影，我国大于 1 : 100 万地形图、GIS 标准规范均采用该投影。经纬网形状：中央经线、赤道为直线，其他经纬线均为曲线。经纬距变化规律：中央经线上纬距相等，赤道上经距从中央经线向东西扩大。变形分布规律：中央经线无长度变形，同纬线距中央经线越远变形越大，同经度距赤道越近变形越大。使用 3°或 6°分带，使变形限制在一定范围内，6°带边缘最大长度变形 0.138%，最大面积变形 0.27%；3°带最大长度变形 0.038%。6°分带：从 0°经线起，自西向东，全球分 60 个带。我国（1 : 2.5 万）~（1 : 50 万）地形图使用 6°分带；3°分带：从东经 1°30′起向东，全球分 120 个带。我国大于等于 1 : 1 万地形图使用 3°分带。

（3）UTM 投影

通用横轴墨卡托投影（universal transverse Mercator projection，UTM 投影），是一种横轴等角割（椭）圆柱投影，椭圆柱割地球于南纬 80°、北纬 84°两条等高圈，投影后两条相割的经线上没有变形，而中央经线上长度比为 0.9996。UTM 投影分带方法与高斯–克吕格投影相似，是自西经 180°起每隔经差 6°自西向东分带，将地球划分为 60 个投影带。中高分辨率遥感影像多采用 UTM 投影。

UTM 投影与高斯–克吕格投影的异同如下。

1）UTM 投影是对高斯–克吕格投影的改进，改进的目的是减少投影变形。

2）UTM 投影的变形比高斯–克吕格投影的要小，最大长度变形小于 0.001。但其投影变形规律比高斯–克吕格投影要复杂一点，因为它用的是割圆柱，在赤道上距离中央经线大约 ±180km（约 ±1°40′）的两条割线上没有变形，离两条割线越远变形越大。在两条割线以内长度变形为负值，以外为正值。

3）UTM 投影在中央经线上，投影变形系数为 0.9996，而高斯-克吕格投影的中央经线投影的变形系数为 1。

4）UTM 投影为了减少投影变形也采用分带，其采用 6° 分带。经度 180°W 和 174°W 之间为起始带且连续向东计算。所以，UTM 投影的带号比高斯-克吕格投影的 6° 分带的带号在东半球大 30，在西半球小 30。

5）高斯-克吕格投影与 UTM 投影可近似计算，计算公式是 $X_{UTM} = 0.9996$ $X_{高斯}$，$Y_{UTM} = 0.9996Y_{高斯}$。这个公式的误差在 1m 范围内，一般可以接受。

（4）阿尔伯斯投影

阿尔伯斯（Albers）投影又名正轴等面积割圆锥投影和双标准纬线等积圆锥投影。纬线为同心圆弧，经线为圆的半径，经线夹角与相应的经差成正比，两条割纬线投影后无长度变形，投影区域面积大小保持与实地相等。该投影在制图实践中应用较广，常用于编制行政区划图、人口密度图及社会经济图等。

（5）兰伯特投影

兰伯特（Lambert）投影又称等角割圆锥投影。该投影中，微分圆的表象保持为圆形，即同一点上各方向的长度比均相等，也就是说角度没有变形。中国政区及分省区图通常采用该投影。

（6）通用极球面投影

通用极球面投影（universal polar stereographic projection，UPS 投影）是一种正轴等角割方位投影。投影平面割地球于南北纬 81°06′52.3″，指定极点的长度比为 0.994。UPS 投影用于绘制 UTM 投影坐标系未包括的所有区域，即北纬 84° 以北和南纬 80° 以南区域。

（7）伪墨卡托投影（球体墨卡托或 Web 墨卡托投影）

Google Maps、Virtual Earth 等网络地理所使用的地图投影，常被称作 Web Mercator、spherical Mercator、popular visualization pseudo Mercator（PVPM），它与常规墨卡托投影的主要区别就是把地球模拟为球体而非椭球体。Web 墨卡托投影将整个世界范围赤道作为标准纬线，本初子午线作为中央经线，两者交点为坐标原点，向东向北为正，向西向南为负。该投影的经度取值范围是 [-180，180]，纬度取值范围是 [-85.05112877980659，85.05112877980659]。

（8）正弦曲线投影

正弦曲线投影（sinusoidal projection，桑逊投影）又称等积伪圆柱投影。经线为对称于中央经线的正弦曲线、纬线为间隔相等的平行直线，每条纬线上经线的间隔相等。MODIS 影像产品多采用此投影。

（9）经纬度

将经度范围 [-180，180] 和纬度范围 [-90，90] 划分为等间距的经纬度格网，在地图上将经纬度直接作为平面坐标使用。经纬坐标格网相对实际地物变形较大，适用于大范围、较概略表示信息的分布和粗略定位的应用。

2.1.2 遥感影像的几何定位模型

2.1.2.1 严格成像模型

建立严格成像模型时，需要针对卫星遥感影像的成像方式及成像过程中造成影像变形的几何因素（如卫星的位置、姿态、相机参数、地形起伏等）来建立成像几何模型，其理论较严密。因此，不同类型的传感器具有不同的严格成像模型。

（1）面阵框幅式传感器

面阵框幅式传感器的成像方式为中心投影，其构像方程可表示为摄影测量中最重要的共线方程（张剑清等，2003）：

$$x = (-f)\frac{m_{11}(X-X_0)+m_{12}(Y-Y_0)+m_{13}(Z-Z_0)}{m_{31}(X-X_0)+m_{32}(Y-Y_0)+m_{33}(Z-Z_0)}$$

$$y = (-f)\frac{m_{21}(X-X_0)+m_{22}(Y-Y_0)+m_{23}(Z-Z_0)}{m_{31}(X-X_0)+m_{32}(Y-Y_0)+m_{33}(Z-Z_0)}$$

(2-1)

式中，(x, y) 是像素坐标；(X, Y, Z) 是地面坐标；(X_0, Y_0, Z_0) 是投影中心的地面坐标；f 是相机的焦距；$[m_{ij}]$ 是三维旋转正交矩阵的 9 个元素，由传感器成像瞬间的外方位元素 $(\varphi, \omega, \kappa)$ 确定。

（2）线阵推扫式传感器

星载线阵 CCD 传感器采用推扫式成像，即理想状态下在垂轨方向为中心投影，而在沿轨方向为平行投影。根据卫星的成像几何原理，利用视线法可以建立如式（2-2）所示的线阵推扫式相机的严格成像模型（蒋永华等，2014；Tang et al.，2015；李德仁等，2016）：

$$\begin{bmatrix} X \\ Y \\ Z \end{bmatrix} = \begin{bmatrix} X_{\text{GPS}} \\ Y_{\text{GPS}} \\ Z_{\text{GPS}} \end{bmatrix} + \begin{bmatrix} D_x \\ D_y \\ D_z \end{bmatrix} + m\boldsymbol{R}_{\text{Orbit}}^{\text{ECEF}}\boldsymbol{R}_{\text{Body}}^{\text{Orbit}}\left(\begin{bmatrix} d_x \\ d_y \\ d_z \end{bmatrix} + \boldsymbol{R}_{\text{Sensor}}^{\text{Body}}\begin{bmatrix} h(x) \\ v(x) \\ -f \end{bmatrix}\right)$$

(2-2)

式中，x 为像素列坐标；f 为相机的焦距；m 为比例因子；$h(x)$ 为像素 x 对应 CCD 元件偏离像主点的水平距离；$v(x)$ 为像素 x 对应 CCD 元件偏离像主点的垂直距离；$\boldsymbol{R}_{\text{Sensor}}^{\text{Body}}$ 为传感器到卫星本体坐标系的旋转矩阵，即相机的安装矩阵；$(d_x, d_y, d_z)^{\text{T}}$ 为相机像主点相对卫星质心的偏移矢量；$(D_x, D_y, D_z)^{\text{T}}$ 为 GPS 相位中心的相对卫星质心的偏移矢量；$\boldsymbol{R}_{\text{Body}}^{\text{Orbit}}$ 为卫星本体坐标系到轨道坐标系的旋转矩阵（可以通过星历数据中的 3 个卫星姿态角来计算）；$\boldsymbol{R}_{\text{Orbit}}^{\text{ECEF}}$ 为轨道坐标系到地心地固坐标系（WGS-84 直角坐标系）的旋转矩阵（可以通过卫星在地心地固坐标系的位置、速度及地球自转速度来计算；同时，由于卫星在地心地固坐标系中的位置和速度是由 GPS 提供的，而 GPS 相位中心一般不与卫星质心重合，卫星在空间的坐标还需进行 GPS 偏心量的修正）；$(X_{\text{GPS}}, Y_{\text{GPS}}, Z_{\text{GPS}})^{\text{T}}$ 为卫星在地心地固坐标系的位置；$(X, Y, Z)^{\text{T}}$ 为该像素对应的地面点在地球固定坐标系中的坐标。

卫星在地心地固坐标系中的位置 p、速度 v，以及卫星的三个姿态角（φ、ω、κ）需要从星历数据中通过插值或拟合获得。$h(x)$、$v(x)$、f、$\boldsymbol{R}_{\text{Sensor}}^{\text{Body}}$、$(d_x, d_y, d_z)^{\text{T}}$、$(D_x, D_y, D_z)^{\text{T}}$ 可通过在轨几何定标获得。

式（2-2）描述了完整的严格成像模型，涉及的参数较多，大体可分为角元素（与旋转相关）和线元素（与平移相关）两类。角元素之间具有明显的可叠加性，不同坐标系之间的旋转矩阵对卫星遥感影像的几何定位结果的影响不可区分，GPS 偏离卫星质心造成的旋转矩阵 $\boldsymbol{R}_{\text{Orbit}}^{\text{ECEF}}$ 的偏差可以等效于相机安装矩阵的误差。在遥感卫星的运行高度，线元素误差和角元素误差对几何定位精度具有等效性，因此也可将相机像主点相对卫星质心的偏移矢量合并到相机安装矩阵。此外，GPS 的偏移矢量可以在卫星发射前测定，并且对最终定位精度影响很小，同时考虑到参数间的相关性，通常可将其忽略。因此，严格成像模型（2-2）可以简化为

$$
\begin{bmatrix} X \\ Y \\ Z \end{bmatrix} = \begin{bmatrix} X_{\text{Sat}} \\ Y_{\text{Sat}} \\ Z_{\text{Sat}} \end{bmatrix} + m\boldsymbol{R}_{\text{Sensor}}^{\text{ECEF}} \begin{bmatrix} \tan\psi_x \\ \tan\psi_y \\ 1 \end{bmatrix} \tag{2-3}
$$

式中，$(X, Y, Z)^{\text{T}}$ 表示像平面点（x, y）对应的地面点在地心地固坐标系中的坐标；$(X_{\text{Sat}}, Y_{\text{Sat}}, Z_{\text{Sat}})^{\text{T}}$ 为成像时刻卫星投影中心在地心地固坐标系中的坐标；m 为比例因子；ψ_x 和 ψ_y 分别为成像视线在传感器坐标系中与 x 轴和 y 轴的夹角；$\boldsymbol{R}_{\text{Sensor}}^{\text{ECEF}}$ 表示传感器坐标系到地心地固坐标系的旋转矩阵，它由 3 个方向的旋转角 φ、ω 和 κ 通过式（2-4）确定，

$$
\boldsymbol{R}_{\text{Sensor}}^{\text{ECEF}} = \begin{bmatrix} \cos\kappa & \sin\kappa & 0 \\ -\sin\kappa & \cos\kappa & 0 \\ 0 & 0 & 1 \end{bmatrix} \begin{bmatrix} 1 & 0 & 0 \\ 0 & \cos\omega & \sin\omega \\ 0 & -\sin\omega & \cos\omega \end{bmatrix} \begin{bmatrix} \cos\varphi & 0 & -\sin\varphi \\ 0 & 1 & 0 \\ \sin\varphi & 0 & \cos\varphi \end{bmatrix} \tag{2-4}
$$

就目前星载姿轨测定系统精度水平而言，定轨精度虽然已达到分米级的水平，但姿态数据的精度仍未达到直接用于测图的水平，造成直接定位精度有限，通常需要借助地面控制点（ground control point，GCP）对成像模型进行修正。

2.1.2.2 通用成像模型

利用控制点对严格成像模型进行优化时，大量的定向参数以及定向参数之间的强相关性会给模型的可靠求解带来困难。对于目前广泛使用的线阵推扫式传感器，其严格成像模型较复杂，需要针对不同的传感器建立相应的严格成像模型，建模工作量大，用户使用也不方便。此外，严格成像模型涉及大量的迭代求解，计算量大，直接用于影像的几何校正比较耗时。因此，通用成像模型在遥感影像的几何处理中得到了广泛应用。

（1）仿射变换模型

由于高分辨率卫星传感器的突出特征表现在长焦距、大航高和窄视场角，定向参数之间存在很强的相关性，从而影响利用控制点进行定向的精度和稳定性。虽然存在多种消减相关性的方法，如分组迭代、合并相关性等，但是结果并不十分理想。针对这种情况，Okamoto（1988）提出将仿射投影变换的几何模型用于摄影测量重建。仿射变换模型利用卫星传感器成像时的几何特点，将行中心投影影像转化为相应的仿射投影影像后，以仿射影像为基础进行地面点的空间定位，这样模型各参数之间的相关性大大减小，通过少量控制点即可稳定地恢复模型参数。SPOT 1 级、2 级立体影像的定位试验证明，最少只需 6 个均匀分布的地面控制点，就可获得 6m 的平面精度和 7.5m 的高程精度。Okamoto 仿射变换模型由下式表示（Okamoto，1988）：

$$\begin{cases} x_i = A_1 X_i + A_2 Y_i + A_3 Z_i + A_4 \\ y_i = A_5 X_i + A_6 Y_i + A_7 Z_i + A_8 \end{cases} \tag{2-5}$$

式中，(x_i, y_i) 为第 i 点的像平面坐标；(X_i, Y_i, Z_i) 为其对应地面点的大地坐标；$A_1 \sim A_8$ 为仿射变换模型的系数。

在实际测试中，对于视场角非常小的成像系统，如 IKONOS（0.93°）和 Quickbird（2.1°），平行光投影的假设被证明是非常有效的（Hanley et al.，2002）。在应用于具有共线性（由传感器位置、定向参数之间的相关性引起）的卫星影像时，8 个参数的仿射变换模型不能克服过参数化的缺陷。一种可行的改进方法是使用卫星轨道位置的先验信息，如元数据中的方位角、高度角等。通过将所有的 GCP 转换到一个高度平面内，可以有效将仿射变换模型中的 8 个参数减少到 6 个（Baltsavias et al.，2001）。

张剑清和张祖勋（2002）提出一种严格的仿射变换模型，采用了基于平行光投影的三步变换的方法，即首先将三维空间经过相似变换缩小至影像空间，再将其以平行光投影至一个水平面上（仿射变换），最后将其变换至原始倾斜影像。该变换模型由下式给出：

$$\begin{cases} x_i = c_{z_i}(B_1 X_i + B_2 Y_i + B_3 Z_i + B_4) \\ y_i = B_5 X_i + B_6 Y_i + B_7 Z_i + B_8 \end{cases} \tag{2-6}$$

$$c_{z_i} = \frac{f - x_i \tan\alpha}{f - \dfrac{Z_i}{m\cos\alpha}} = \frac{1 - \dfrac{x_i}{f}\tan\alpha}{1 - \dfrac{Z_i}{H\cos\alpha}} \tag{2-7}$$

式中，(x_i, y_i) 为第 i 点的像素坐标；(X_i, Y_i, Z_i) 为第 i 点对应的三维地面坐标；$B_1 \sim B_8$ 为仿射变换模型的系数；f 为焦距；α 为侧视扫描角；m 为尺度因子；$H = mf$。

这一几何模型在理论上是严格的，除了 5 个以上的控制点外，它不需要传感器轨道的先验参数。大量试验表明，基于该模型的高分辨率遥感影像方位参数计算是非常稳定的。仿射变换模型能够获得的定位精度与严格几何定位模型相当，在有些条件下甚至更优，但是仿射模型仍然存在不足，尤其是在地形起伏较大的情况下。

（2）有理函数模型

有理函数模型（rational function model，RFM）使用两个有理函数的比值关系，描述三维地面坐标与二维影像坐标之间的关系，是一种完全的数学模型，其多项式系数称为有理多项式系数（rational polynomial coefficients，RPCs）。基于 RPC 参数的几何模型与传感器的严格几何模型相比，具有简单性、通用性、保密性、高效性等优点，同时也具有更高的拟合精度。近年来，很多研究和试验表明有理函数模型能够"替代"严格物理模型，并能实现传感器参数的隐藏，NIMA（原美国国家影像与测绘局）已将其作为分发影像数据的标准几何模型之一，并在国家影像传递格式 NITF 中详细说明了有理函数的多项式形式、坐标系统、参数次序等。

有理函数模型将像点坐标 (l, s) 表示为以相应地面点空间坐标 (X, Y, Z) 为自变量的有理多项式的比值。为了提高方程的数值稳定性，对两个像平面坐标和三个地面空间坐标进行平移与缩放，标准化为 $-1.0 \sim 1.0$。基本方程为（Tao and Hu，2001；Fraser and Grodecki，2006）

$$\begin{cases} l = \dfrac{N_l(X,Y,Z)}{D_l(X,Y,Z)} \\ s = \dfrac{N_s(X,Y,Z)}{D_s(X,Y,Z)} \end{cases} \tag{2-8}$$

其中

$$\begin{aligned} N_l(X,Y,Z) = & \, a_0 + a_1 Z + a_2 Y + a_3 X + a_4 ZY + a_5 ZX + a_6 YX + a_7 Z^2 \\ & + a_8 Y^2 + a_9 X^2 + a_{10} ZYX + a_{11} Z^2 Y + a_{12} Z^2 X + a_{13} ZY^2 \\ & + a_{14} Y^2 X + a_{15} ZX^2 + a_{16} YX^2 + a_{17} Z^3 + a_{18} Y^3 + a_{19} X^3 \end{aligned} \tag{2-9}$$

$$D_l(X,Y,Z) = b_0 + b_1 Z + b_2 Y + b_3 X + b_4 ZY + b_5 ZX + b_6 YX + b_7 Z^2$$
$$+ b_8 Y^2 + b_9 X^2 + b_{10} ZYX + b_{11} Z^2 Y + b_{12} Z^2 X + b_{13} ZY^2 \qquad (2\text{-}10)$$
$$+ b_{14} Y^2 X + b_{15} ZX^2 + b_{16} YX^2 + b_{17} Z^3 + b_{18} Y^3 + b_{19} X^3$$

$$N_s(X,Y,Z) = c_0 + c_1 Z + c_2 Y + c_3 X + c_4 ZY + c_5 ZX + c_6 YX + c_7 Z^2$$
$$+ c_8 Y^2 + c_9 X^2 + c_{10} ZYX + c_{11} Z^2 Y + c_{12} Z^2 X + c_{13} ZY^2 \qquad (2\text{-}11)$$
$$+ c_{14} Y^2 X + c_{15} ZX^2 + c_{16} YX^2 + c_{17} Z^3 + c_{18} Y^3 + c_{19} X^3$$

$$D_s(X,Y,Z) = d_0 + d_1 Z + d_2 Y + d_3 X + d_4 ZY + d_5 ZX + d_6 YX + d_7 Z^2$$
$$+ d_8 Y^2 + d_9 X^2 + d_{10} ZYX + d_{11} Z^2 Y + d_{12} Z^2 X + d_{13} ZY^2 \qquad (2\text{-}12)$$
$$+ d_{14} Y^2 X + d_{15} ZX^2 + d_{16} YX^2 + d_{17} Z^3 + d_{18} Y^3 + d_{19} X^3$$

式中，l 和 s 是像素在像平面上的行列值标准化后的结果；X、Y、Z 是物方点空间坐标标准化后的结果；a_i、b_i、c_i、d_i （$i = 0, 1, \cdots, 19$）称为有理函数系数或 RPC 参数，其中 b_0 和 d_0 的值为 1。

影像坐标行列值的标准化公式为

$$l = \frac{\text{Line} - \text{LINE\_OFF}}{\text{LINE\_SCALE}}$$
$$s = \frac{\text{Sample} - \text{SAMP\_OFF}}{\text{SAMP\_SCALE}} \qquad (2\text{-}13)$$

式中，LINE_OFF、LINE_SCALE、SAMP_OFF 和 SAMP_SCALE 为影像坐标的标准化因子；Line 表示影像行坐标；Sample 表示影像列坐标。

地面点的标准化公式为

$$X = \frac{\text{Longitude} - \text{LONG\_OFF}}{\text{LONG\_SCALE}}$$
$$Y = \frac{\text{Latitude} - \text{LAT\_OFF}}{\text{LAT\_SCALE}} \qquad (2\text{-}14)$$
$$Z = \frac{\text{Height} - \text{HEIGHT\_OFF}}{\text{HEIGHT\_SCALE}}$$

式中，LONG_OFF、LONG_SCALE、LAT_OFF、LAT_SCALE、HEIGHT_OFF、HEIGHT_SCALE 为地面坐标标准化因子；Longitude 表示地面点的经度；Latitude 表示地面点的纬度；Height 表示地面点的高程。

研究表明，在有理函数模型中，光学投影系统产生的误差用有理多项式中的一次项来表示，地球曲率、大气折射和镜头畸变等产生的误差能很好地用有理多项式中二次项来表示，其他一些未知的具有高阶分量的误差（如相机震动等）可用有理多项式中的三次项表示（Fraser and Grodecki，2006）。

有理函数模型有两种使用方式：一种是利用 39 个以上的控制点直接计算得

到 RPC 参数并完成影像的校正，这种方法对控制资料的要求较高，且因参数个数多，模型具有严重的病态性。现在很多卫星遥感影像（尤其是高分辨率影像）都为用户提供了 RPC 参数。另一种就是在影像数据自带 RPC 参数的基础上利用少量控制点进行模型精化（Grodecki and Dial，2003；李德仁等，2006）。

对 RPC 参数的精化可以用像平面坐标的多项式模型来描述：

$$\Delta l = a_0 + a_l \cdot l' + a_s \cdot s' + a_{ls} \cdot l' \cdot s' + a_{l2} \cdot l'^2 + a_{s2} \cdot s'^2 + \cdots$$
$$\Delta s = b_0 + b_l \cdot l' + b_s \cdot s' + b_{ls} \cdot l' \cdot s' + b_{l2} \cdot l'^2 + b_{s2} \cdot s'^2 + \cdots$$

(2-15)

式中，Δl 和 Δs 是像平面坐标计算值与实际值之间的偏差；l' 和 s' 是平面坐标的计算值；a_0，a_l，a_s，…和 b_0，b_l，b_s，…是多项式模型的系数。

根据多项式次数的不同，可以定义相应的精化模型。

1）无控制点模型，$\Delta l = 0$ 且 $\Delta s = 0$，无须控制点。

2）零次平移变换，$\Delta l = a_0$ 且 $\Delta s = b_0$，至少需要 1 个控制点。

3）一次仿射变换，$\Delta l = a_0 + a_l \cdot l' + a_s \cdot s'$，且 $\Delta s = b_0 + b_l \cdot l' + b_s \cdot s'$，至少需要 3 个控制点。

某些影像数据所提供的 RPC 参数中只存在一个固定的系统偏差，如 IKONOS 的 RPC 参数仅含有外定向偏差，可以直接采用零次平移变换模型进行偏置补偿，这样引入的未知参数有两个，仅需一个控制点即可进行校正，试验证明精度可以达到 1 个像素（Fraser and Hanley，2003）。对于大多数影像数据，仅使用零次平移变换模型难以得到满足要求的定位精度时，可采用一次或更高次的变换模型，但需要更多的控制点。

2.1.2.3　严格成像模型与通用成像模型的转换

严格成像模型与通用成像模型各具特点。

1）严格成像模型是根据传感器参数以及成像状态参数建立的，具有明确的物理意义，模型精度高且容易分析和控制误差的来源，可用于卫星遥感影像的自主几何定位；但严格成像模型依赖于传感器成像的具体过程，对于不同的传感器需要建立不同的模型，且模型的计算效率不高。

2）通用成像模型中，目前最常用的是有理函数模型，它可得到与成像模型相媲美的几何精度，同时具有通用的数学形式，可用于不同的卫星和传感器且适用于卫星遥感影像的自主几何定位，与严格成像模型相比具有更高的处理效率；但是，有理函数模型参数众多而缺乏明确的物理意义，参数间存在很强的相关性，通常需要大量的控制点才能解算，且解算结果十分不稳定。

实际应用中往往需要在两种模型之间进行转换，以发挥它们各自的优势。

（1）严格成像模型转换为有理函数模型

根据严格成像模型生成有理函数模型是目前在高分辨率卫星遥感数据中应用

最广泛的解决方案，即地形无关的有理函数模型解算方案。其基本思路是通过卫星遥感影像的严格成像模型生成多个高程面的三维虚拟控制点格网，再利用这些虚拟控制点计算地形无关的有理函数参数。最后利用真实地面控制点对地形无关的有理函数模型进行如式（2-16）所示的像方改正模型进行优化，实现影像的精校正。

地形无关的有理函数模型的求解方案如图 2-2 所示（龙腾飞，2016），包括以下几个步骤。

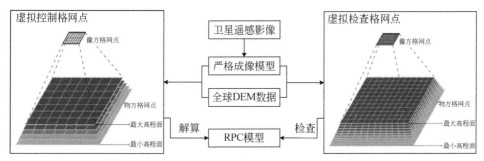

图 2-2　地形无关方案求解有理函数模型

步骤 1，建立影像格网。将影像范围划分为 $m \times n$ 个格网，行数 m 和列数 n 应该足够大，一般不小于 10。

步骤 2，建立物方空间三维格网。根据全球 DEM 数据和严格成像模型得到影像范围内的物方高程范围，在高程范围内将物方空间划分为 k 个高程面（一般要求 $k>3$），根据严格成像模型将步骤 1 中建立的影像格网点分别投影到 k 个高程面上，得到物方空间三维格网。

步骤 3，计算有理函数模型参数。步骤 1 和步骤 2 中建立的影像、物方格网点可以构成虚拟控制格网点，利用这些格网点解算 RPC 参数，解算方法将在后面章节具体介绍。

步骤 4，检查有理函数模型精度。按步骤 1 和步骤 2 建立虚拟检查格网点，虚拟检查格网点密度需大于虚拟控制格网点密度（一般为虚拟控制格网点密度的 2 倍）；采用步骤 3 中得到的有理函数模型参数计算虚拟检查格网点物方坐标对应的像方坐标，通过计算虚拟检查格网点原像方坐标与计算所得的像方坐标的偏差来评价有理函数模型拟合严格成像模型的精度。一般要求检查格网点的最大误差不超过 0.1 个像素。

有理函数模型（2-8）是关于 RPC 参数的非线性模型，但是通过简单的数学变换即可将其转化为如式（2-16）所示的线性模型：

$$\begin{cases} N_l(X,Y,Z) - lD_l(X,Y,Z) = 0 \\ N_s(X,Y,Z) - sD_s(X,Y,Z) = 0 \end{cases} \tag{2-16}$$

当采用 n 个控制点求解式（2-16）时，所列的误差方程可以矩阵形式来表示，如式（2-17）所示。

$$y = X\boldsymbol{\beta} + \varepsilon \tag{2-17}$$

其中，

$$y = (l_1, l_2, \cdots, l_n, s_1, s_2, \cdots, s_n)^{\mathrm{T}}$$
$$\boldsymbol{\beta} = (a_0, \cdots, a_{19}, b_1, \cdots b_{19}, c_0, \cdots, c_{19}, d_1, \cdots, d_{19})^{\mathrm{T}}$$
$$X = (x_1, x_2, \cdots, x_n)^{\mathrm{T}}$$
$$x_i = (1, X_i, Y_i, \cdots, Z_i^3, -l_i X_i, -l_i Y_i, \cdots, -l_i Z_i^3, 1, X_i, Y_i, \cdots,$$
$$Z_i^3, -s_i X_i, -s_i Y_i, \cdots, -s_i Z_i^3)^{\mathrm{T}} \quad i = 1, 2, \cdots, n$$

式中，ε 为随机误差；(l_i, s_i) 为第 i 个控制点标准化后的像平面行列值；(X_i, Y_i, Z_i) 为第 i 个控制点标准化后的地面坐标（经度、纬度和高程）。

常规最小二乘（ordinary least squares，OLS）的目标函数为

$$\min_x \| X\boldsymbol{\beta} - y \|_2^2 \tag{2-18}$$

常规最小二乘解为

$$\hat{\boldsymbol{\beta}}_{\mathrm{OLS}} = (X^{\mathrm{T}} X)^{-1} X^{\mathrm{T}} y \tag{2-19}$$

由于式（2-8）所示的三次有理函数模型的 78 个参数之间存在很强的相关性，在求解这些参数时，系数矩阵一般具有很强的复共线性，从而导致法方程严重病态，这是常规最小二乘法求解有理函数模型面临的主要困难，因而通常需要通过正则化方法将法方程修正为良态，然后进行求解。近 20 年来，国内外学者提出了许多正则化方法来求解有理函数模型，主要包括 Tikhonov 正则化、岭估计（袁修孝和林先勇，2008）、Levenberg- Marquardt 方法、奇异值截断（陈立波和焦伟利，2010）、进化算法［如遗传算法（祝汶琪和焦伟利，2008）、粒子群优化等］、基于复共线性分析参数优选方法（袁修孝和曹金山，2011；Long et al.，2014）、基于 L1 范数约束的最小二乘法等。这里主要介绍岭估计和基于 L1 范数约束的最小二乘（L1-norm- regularized least squares，L1LS）法（Long et al.，2015a）。

1）岭估计。

岭估计是目前应用较广泛的一种方法，其实质是在常规最小二乘目标函数的基础上加上 L2 范数约束，解的形式为（袁修孝和林先勇，2008；Hu et al.，2004）

$$\min_{\boldsymbol{\beta}} \| X\boldsymbol{\beta} - y \|_2^2 + \lambda \| \boldsymbol{\beta} \|_2^2 \tag{2-20}$$

式中，$\| \boldsymbol{\beta} \|_2 := \left(\sum_i \beta_i^2 \right)^{1/2}$ 表示向量 $\boldsymbol{\beta}$ 的 L2 范数；$\lambda > 0$ 为正则化参数。

L2 范数约束的最小二乘解具有解析形式,

$$\hat{\boldsymbol{\beta}}_{l2} = (\boldsymbol{X}^{\mathrm{T}}\boldsymbol{X}+\lambda\boldsymbol{I})^{-1}\boldsymbol{X}^{\mathrm{T}}\boldsymbol{y} \tag{2-21}$$

式中,$\boldsymbol{I}$ 为单位矩阵。岭参数 λ 可通过经验法、岭迹法、L 曲线法等方法得到。

显然,L2 范数约束的最小二乘解 $\hat{\boldsymbol{\beta}}_{l2}$ 是观测向量 $\boldsymbol{y}$ 的线性方程,计算较简便。然而仅当 $\lambda \to \infty$ 时,$\hat{\boldsymbol{\beta}}_{l2}$ 中的元素才会趋近于 0,换句话说,L2 范数约束的最小二乘解不能达到参数优选的效果。

岭估计具有解析解,形式简单,改善病态性的效果也较好,在高分辨率卫星影像的 RPC 制作中得到了广泛的应用。但是对于宽视场角或内部精度较差的影像,有理函数模型很难准确地拟合其严格成像模型。在这种情况下,由于模型病态性和模型本身误差共同的作用,采用岭估计的方法往往无法得到满意的结果。此外,岭估计解算方法不能识别 RPC 模型中的冗余项,不适用于分析 RPC 模型的病态性和简化 RPC 模型。

2)基于 L1 范数约束的最小二乘法。

在常规最小二乘目标函数的基础上加上 L1 范数约束后得到如下目标函数:

$$\min_{\beta} \| \boldsymbol{X}\boldsymbol{\beta}-\boldsymbol{y} \|_2^2 +\lambda \| \boldsymbol{\beta} \|_1 \tag{2-22}$$

式中,$\| \boldsymbol{\beta} \|_1 := \sum_i |\beta_i|$ 表示向量 $\boldsymbol{\beta}$ 的 L1 范数;$\lambda > 0$ 为正则化参数。

基于 L1 范数约束的最小二乘解 $\hat{\boldsymbol{\beta}}_{l1}$ 通常是一个仅含有部分非零元素的稀疏向量,而基于 L2 范数约束的最小二乘解 $\hat{\boldsymbol{\beta}}_{l2}$ 所有元素均非零(Long et al., 2015a)。事实上,L1 范数约束与 L0 范数约束的解具有等效性,尽管基于 L1 范数约束的最小二乘解不是观测向量 $\boldsymbol{y}$ 的线性方程,没有解析形式,但与 L0 范数约束的最小二乘需要穷举求解不同,基于 L1 范数约束的最小二乘是一个凸问题(Tibshirani,2011)。此外,式(2-22)还可等价地变换为如式(2-23)所示的带不等式约束的二次凸问题,

$$\min_{\beta} \| \boldsymbol{X}\boldsymbol{\beta}-\boldsymbol{y} \|_2^2 \quad \text{s. t.} \quad \| \boldsymbol{\beta} \|_1 \leqslant \alpha \tag{2-23}$$

式中,α 是与式(2-22)中的 λ 负相关的参数。虽然该问题不具有可微性,但是通过将不可微的约束条件转化为一组线性约束条件后,可行域为一个高维多面体,这个等价的二次规划问题可以通过常规的凸优化方法求解(Efron et al., 2004)。

L1LS 解通常是稀疏的,也就是说一部分冗余的参数被自动压缩为 0,一方面使模型更加精简,另一方面也使模型更加稳定。图 2-3 为 RPC 参数稀疏解的示意图,其中 $\boldsymbol{y}$ 为控制点图像坐标组成的向量,$\boldsymbol{X}$ 为观测矩阵,$\boldsymbol{\beta}$ 表示 RPC 参数组成的向量。虽然观测量的个数($\boldsymbol{y}$ 或 $\boldsymbol{X}$ 的行数)小于未知数的个数($\boldsymbol{\beta}$ 的

行数或 X 的列数），但是通过参数压缩（或优选），$\boldsymbol{\beta}$ 中只有部分（个数小于 y 或 X 的行数）非零元素是有效的，因而可以可靠地求解出这些非零元素。

图 2-3　RPC 参数稀疏解示意图

　　L1LS 方法通过 L1 范数约束压缩了有理函数模型中大量导致病态性的不显著参数，因而从本质上克服了 RPC 参数之间的相关性，甚至在控制点的数量少于常规最小二乘法所需的最少控制点个数时仍可得到稳定可靠的解。

（2）有理函数模型转换为严格成像模型

　　有理函数模型是对卫星影像严格成像模型的近似拟合，尽管具有形式简单、计算效率高的优点，但它是一种缺乏物理意义的纯数学模型，难以与实际的星历参数进行关联。通常获取较高影像定位精度需要地面控制点资料，但在海岛、戈壁等无人区，测量距离远、周期长、成本高，难以实地获取地面控制点资料。实现缺少控制点的卫星遥感影像精确几何定位的一种方案是在严格成像几何模型的基础上，利用少量的控制点，通过轨道参数外推的方式实现无控制点区域的精确几何定位（龙腾飞等，2017）。但现有的高分辨率卫星影像的成像几何模型均以有理函数模型的形式提供，无法进行轨道参数的外推。因此，将有理函数模型转换为严格成像模型也具有重要意义。

　　建立如式（2-3）所示的严格成像模型的关键是恢复外方位元素（成像时刻的卫星投影中心的空间坐标和传感器坐标系的旋转角度）和内方位元素（传感器坐标系中各像元的观测视线角），下面分别介绍利用有理函数模型恢复这些方位元素的方法。

　　1）恢复成像时刻卫星投影中心在地心地固坐标系中的坐标。

　　根据式（2-8）可由像点在像平面上的行列坐标 l、s 及对应物方空间点的高程 Z 坐标来计算物方点的坐标 X 和 Y，如式（2-24）所示，

$$\begin{cases} X = \dfrac{N_X(l,s,Z)}{D_X(l,s,Z)} \\ Y = \dfrac{N_Y(l,s,Z)}{D_Y(l,s,Z)} \end{cases} \tag{2-24}$$

式中，$N_X(l,s,Z)$、$D_X(l,s,Z)$、$N_Y(l,s,Z)$、$D_Y(l,s,Z)$ 均为 l、s、Z 的三次多项式。

对于像平面点 (l, s)，任意给定 2 个高程值 Z_1 和 Z_2，根据式（2-24）可以分别计算得到 2 个高程值所对应的物方空间点在地心地固坐标系中的坐标 $[X_1,Y_1,Z_1]^T$ 和 $[X_2,Y_2,Z_2]^T$，且这 2 个物方空间坐标与成像时刻卫星投影中心在地心地固坐标系中的坐标 $[X_{Sat},Y_{Sat},Z_{Sat}]^T$ 具有如式（2-25）所示关系（Huang et al.，2016）。

$$\begin{bmatrix} Z_2-Z_1 & 0 & X_1-X_2 \\ 0 & Z_2-Z_1 & Y_1-Y_2 \end{bmatrix} \begin{bmatrix} X_{Sat} \\ Y_{Sat} \\ Z_{Sat} \end{bmatrix} = \begin{bmatrix} Z_2X_1-X_2Z_1 \\ Z_2Y_1-Y_2Z_1 \end{bmatrix} \tag{2-25}$$

对于卫星影像的某一扫描行 k，均匀选取 100 个像素点，记其像平面坐标为 (l_k, s_i)，其中 $i=1$，2，$\cdots$，100，取高程 $Z_1=0$ 和 $Z_2=10\ 000$，利用式（2-24）和式（2-25）通过最小二乘估计可确定成像时刻卫星投影中心在地心地固坐标系中的坐标 $[X_{Sat},Y_{Sat},Z_{Sat}]^T$。

2）恢复成像时刻传感器坐标系到地心地固坐标系之间的旋转角。

给定高程值为 0，根据式（2-24）可计算某扫描行两个端点像元对应的物方点坐标 $[X_1,Y_1,Z_1]^T$ 和 $[X_2,Y_2,Z_2]^T$，根据式（2-26）可确定两个端点像元在地心地固坐标系中的视线向量 $\boldsymbol{OA}$ 和 $\boldsymbol{OB}$，

$$\begin{cases} \boldsymbol{OA} = [X_1-X_{Sat} \quad Y_1-Y_{Sat} \quad Z_1-Z_{Sat}]^T \\ \boldsymbol{OB} = [X_2-X_{Sat} \quad Y_2-Y_{Sat} \quad Z_2-Z_{Sat}]^T \end{cases} \tag{2-26}$$

然后根据式（2-27）~式（2-29）可计算传感器坐标系各坐标轴在地心地固坐标系中的方向向量 $\boldsymbol{X}$，$\boldsymbol{Y}$，$\boldsymbol{Z}$，即

$$\boldsymbol{Z} = \begin{bmatrix} c_1 \\ c_2 \\ c_3 \end{bmatrix} = \frac{\dfrac{\boldsymbol{OA}}{|\boldsymbol{OA}|} + \dfrac{\boldsymbol{OB}}{|\boldsymbol{OB}|}}{\left|\dfrac{\boldsymbol{OA}}{|\boldsymbol{OA}|} + \dfrac{\boldsymbol{OB}}{|\boldsymbol{OB}|}\right|} \tag{2-27}$$

$$\boldsymbol{X} = \begin{bmatrix} a_1 \\ a_2 \\ a_3 \end{bmatrix} = \frac{\boldsymbol{OA}\times\boldsymbol{OB}}{|\boldsymbol{OA}\times\boldsymbol{OB}|} \tag{2-28}$$

$$\boldsymbol{Y} = \begin{bmatrix} b_1 \\ b_2 \\ b_3 \end{bmatrix} = \frac{\boldsymbol{Z}\times\boldsymbol{X}}{|\boldsymbol{Z}\times\boldsymbol{X}|} \tag{2-29}$$

传感器坐标系到地心地固坐标系之间的旋转矩阵为

$$R_{\text{Sensor}}^{\text{ECEF}} = \begin{bmatrix} a_1 & b_1 & c_1 \\ a_2 & b_2 & c_2 \\ a_3 & b_3 & c_3 \end{bmatrix} \qquad (2\text{-}30)$$

最后根据旋转矩阵 $R_{\text{Sensor}}^{\text{ECEF}}$ 可进一步确定旋转角 φ、ω 和 κ。

3）恢复传感器坐标系中各像元的观测视线角。

对于某扫描行中任意像元，根据式（2-24）和式（2-26）确定其在地心地固坐标系中的观测视线向量 $OX = [Xv \quad Yv \quad Zv]^{\text{T}}$，则观测视线在传感器坐标系中的向量为

$$\begin{bmatrix} X \\ Y \\ Z \end{bmatrix}_{\text{sensor}} = (R_{\text{Sensor}}^{\text{ECEF}})^{\text{T}} \begin{bmatrix} Xv \\ Yv \\ Zv \end{bmatrix} \qquad (2\text{-}31)$$

然后可进一步计算传感器坐标系中该像元的观测视线角

$$\begin{cases} \psi_x = \dfrac{X_{\text{sensor}}}{Z_{\text{sensor}}} \\[3mm] \psi_y = \dfrac{Y_{\text{sensor}}}{Z_{\text{sensor}}} \end{cases} \qquad (2\text{-}32)$$

综上所述，由 X_{Sat}、Y_{Sat}、Z_{Sat}、φ、ω、κ、ψ_x 和 ψ_y 即可确定卫星影像的严格成像模型，其中 X_{Sat}、Y_{Sat}、Z_{Sat}、φ、ω 和 κ 为外方位元素，ψ_x 和 ψ_y 为内方位元素。

2.1.3　遥感影像几何配准

由于星载传感器的成像外方位元素（主要是角元素）测量精度不足，星上直接定位精度有限，必须借助一定地面控制点或影像同名点才能实现光学卫星影像的精确定位。而影像的自动几何配准是采集控制点或同名点的主要方式，它直接关系到遥感数据几何标准化处理的质量和效率。

2.1.3.1　基于区域的配准

基于区域的配准方法直接根据影像的灰度相似性进行匹配，主要包括基于灰度的配准方法和基于相位相关的配准方法。

（1）基于灰度的配准方法

基于灰度的匹配在一定意义上也可称为模板匹配，是根据模板影像（搜索影像）与目标影像的相似度进行匹配和搜索。这里的相似度采用归一化互相关系数（normalized cross-correlation coefficient，NCC），归一化互相关配准方法通过比较

两幅匹配图像在特征点上的归一化互相关系数来衡量匹配的程度，最大相关系数对应最佳匹配（Zitová and Flusser，2003）。在得到的特征点集合中，以每个特征点为中心，取一个 $m \times n$ 大小的相关窗。$\rho(x,y)$ 的值域为 $[-1, 1]$，当 $\rho(x,y)$ 为 -1 时，表示两个相关窗口不相似；当 $\rho(x,y)$ 为 1 时，则表示两个窗口完全相同。$\rho(x,y)$ 的计算公式如下：

$$\rho(x,y) = \frac{\frac{1}{mn}\sum_{i=1}^{m}\sum_{j=1}^{n}(f(i,j)-\bar{f})(g(i,j)-\bar{g})}{\sqrt{\frac{1}{mn}\sum_{i=1}^{m}\sum_{j=1}^{n}(f(i,j)-\bar{f})^2}\sqrt{\frac{1}{mn}\sum_{i=1}^{m}\sum_{j=1}^{n}(g(i,j)-\bar{g})^2}} \tag{2-33}$$

式中，f 和 g 分别表示待匹配影像和参考影像；$\bar{f}$ 和 $\bar{g}$ 分别表示待匹配影像和参考影像在对应窗口中所有像素点的平均值；$m \times n$ 为影像匹配计算窗口的大小。

（2）基于相位相关的配准方法

基于相位相关平移配准方法具有严格的数学基础，即图像在空间域中的平移对应着频率域内的线性相位差，又称傅里叶平移定理。假定 $f_1(x,y)$ 和 $f_2(x,y)$ 分别为待配准影像和参考影像，它们在空间域中的关系如下（Dong et al.，2017；Tong et al.，2015）：

$$f_2(x,y) = f_1(x-x_0, y-y_0) \tag{2-34}$$

式中，x_0、y_0 分别为行方向和列方向的平移量。对两幅图像分别进行傅里叶变换操作，然后根据傅里叶平移定理可以得到如下关系式：

$$F_2(\omega_x, \omega_y) = F_1(\omega_x, \omega_y) e^{-i(\omega_x x_0 + \omega_y y_0)} \tag{2-35}$$

式中，F_1 和 F_2 分别是图像 $f_1(x,y)$ 和 $f_2(x,y)$ 的傅里叶变换；i 为虚数单位。其归一化互相关矩阵可表示为

$$Q(\omega_x, \omega_y) = \frac{F_2(\omega_x, \omega_y) F_1(\omega_x, \omega_y)^*}{|F_1(\omega_x, \omega_y) F_2(\omega_x, \omega_y)|} = e^{-i(\omega_x x_0 + \omega_y y_0)} \tag{2-36}$$

式中，$*$ 表示复共轭操作。$Q(\omega_x, \omega_y)$ 的所有频率成分的幅度都归一化为 1，因此其对灰度线性变换和内容变换不敏感，这使得相位相关匹配方法能配准不同时相的多源遥感影像。

当影像间的平移量是整数个像素时，通过上式进行反傅里叶变换（F^{-1}）操作，可以得到一个类似 Dirac Delta 的函数：

$$F^{-1}(e^{-i(\omega_x x_0 + \omega_y y_0)}) = \delta(x+x_0, y+y_0) \tag{2-37}$$

即归一化互相关矩阵 $Q(\omega_x, \omega_y)$ 的反傅里叶变换为一个 Dirac Delta 函数，其在 (x_0, y_0) 处有一个显著的峰值。通过估计这个峰值的位置就可以得到两幅影像间的平移量。

（3）联合深度比较网络和相位相关的配准

针对遥感影像数据量较大的问题，通常的配准策略是分块匹配策略，因为不

论是传统的基于特征的方法，还是基于灰度的方法，由于受到计算时间和计算机内存的限制，都很难直接对其进行配准。针对其几何变形简单的情况，将影像划分成小的影像块，小块影像对就可以用相位相关法进行精确配准，且具有较大的优势。通过对待配准影像进行均匀的格网划分，然后根据影像的地理坐标在参考影像上找到对应的块，用相位相关法对其进行精确配准，那么配准后的两个影像块的中心点就可以当作对整景影像校正的一对控制点。这样对一景影像来说，就会获取到大量的、分布均匀的控制点，然后通过建立影像间的几何变换模型，利用这些控制点拟合出几何校正变换模型，最终实现整景遥感影像的配准。但是在实际应用中，由于不同时相的影像内容会发生变化，以及会受到云的遮挡等影响，相位相关法配准对这部分影像块的配准精度会偏低甚至失败。常规的解决途径是采用归一化互相关系数、特征描述向量等评价指标来检测影像是否匹配成功，并去掉配准精度偏低的影像块。但当影像差异较大时，这类指标的表现很不稳定，往往需要针对不同的场景调整判断阈值，难以得到评价影像块的配准质量的普适性标准。

联合深度比较网络（CompareNet）和相位相关的策略是为了同时发挥相位相关配准方法和深度学习的优势，通过对海量样本的学习，能够自适应地检测和剔除配准失败的影像块。这相当于滤除掉了许多具有粗差的控制点，从而提高整景影像几何变换模型的估计精度，最终提高影像的配准精度。下面具体介绍CompareNet 的网络结构以及用于训练的损失函数（Dong et al., 2019a）。

1）CompareNet 的网络结构。CompareNet 的网络架构为孪生网络架构，其具体架构如图 2-4 所示。它主要由两部分组成，即特征描述网络和特征度量网络。

特征描述网络。受流行的 VGGNet 和 ResNet 架构的启发，特征提取网络由一系列卷积层、批量归一化层、非线性激活层和随机失活层组成。从卷积核感受野角度理解，一个大的卷积核的感受野可以由多个堆叠的小卷积核的感受野替代，这个替代操作，不仅减少了网络的参数个数，而且也增加了网络的非线性能力。因此，构成特征提取网络的所有的卷积核都为 3×3 的小卷积核。此外，直接采用池化层对影像进行降采样，对网络来说，其损失的信息比较大，因此池化层通过增大上一层卷积核的步长来替代。同时为了防止过拟合的发生，也使用了随机失活层减小网络的过拟合风险。

特征度量网络。特征度量网络由四个全连接层和非线性激活层 ReLU 构成。该网络的主要功能是根据特征描述网络得到的特征描述子自动构造一种合适的度量空间，使得匹配的影像块的度量值尽可能接近，非匹配的影像块的度量值尽可能远。最后通过 Softmax 函数输出一个值，判断输入的两个影像块是否匹配，其输出值为一个 0 到 1 的概率值，表示两个影像块匹配的概率。

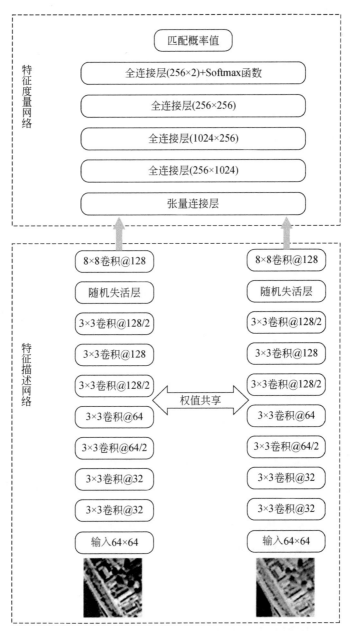

图 2-4　基于深度描述子的影像块比较网络架构结构示意

@后面的数字表示卷积核的个数；/2 表示卷积核的步长为 2；对于 3×3 的卷积操作，都会对输入进行补零操作，补零长度为 1。需要注意的是，除最后一个 8×8 卷积层外，每个卷积层后都会有一个归一化层核和非线性激活层 ReLU

2）CompareNet 的损失函数。在训练的过程中，特征描述网络、特征度量网络是以一种监督的方式进行联合训练的。所采用的损失函数为交叉熵损失函数，其表达式如下：

$$E = -\frac{1}{n}\sum_{i=1}^{n}\left[y_i\log(\hat{y}_i) + (1 - y_i)\log(1 - \hat{y}_i)\right] \tag{2-38}$$

式中，y_i 是输入影像块的标签值，为 0 或者 1，0 代表两个影像块不是匹配块，1 代表两个块是匹配块；$\hat{y}_i$ 是判别网络输出的一个值，表示网络的两个输入影像块是匹配块的概率值；$(1-\hat{y}_i)$ 是表示网络的两个输入影像块不是匹配块的概率值。实际上，$\hat{y}_i$ 是对两个影像块的标签 y_i 的概率估计值。

2.1.3.2 基于特征的配准

（1）基于点的配准

在基于特征点的匹配方法中，SIFT（scale-invariant feature transform）及其扩展算法已被证实具有最强的健壮性，应用也最广泛（Lowe，2004）。SIFT 算子是一种图像的局部描述子，具有尺度、旋转、平移的不变性，而且对光照变化、仿射变换和三维投影变换具有一定的鲁棒性。但是现有的 SIFT 匹配方法在应用于遥感影像尤其是多源遥感影像时依然存在许多问题，如卫星影像场景大、纹理复杂导致误匹配过多、匹配效率低；基于特征的影像匹配方法得到的匹配点分布不均匀，不能适用于影像几何校正；成像模型复杂，粗差不易剔除。因此，必须针对遥感影像的特点对现有的方法进行改进才能满足多源遥感影像快速匹配的需要。

为减小 SIFT 算法的工作场景并保证得到分布均匀的控制点，首先将待配准影像均匀划分为格网，并得到大小合适的影像块。借助待匹配影像的初始成像模型，参考影像块的范围可以根据待匹配影像块的影像坐标近似计算得到。此外，我们还可以将参考影像块重采样成与待校正影像块相近的分辨率，从而让 SIFT 匹配更加高效和稳健（Long et al.，2016）。

1）SIFT 特征提取。由于经过重采样的参考影像片与待匹配影像片具有相近的地面分辨率，只需要在一个 Octave 上进行 SIFT 特征提取，降低了计算的复杂度。在这个 Octave 上，影像片的尺度空间函数 $L(x,y,\sigma)$ 由不同尺度的高斯函数 $G(x,y,\sigma)$ 和数据影像块 $I(x,y)$ 进行卷积得到

$$L(x,y,\sigma) = G(x,y,\sigma) * I(x,y) \tag{2-39}$$

其中

$$G(x,y,\sigma) = \frac{1}{2\pi\sigma^2}e^{-(x^2+y^2)/2\sigma^2}$$

式中，＊表示卷积操作。

然后高斯差分（difference-of-Gaussian，DoG）函数和影像片的卷积 $D(x,y,\sigma)$ 可以用来在尺度空间中提取稳定的特征点。$D(x,y,\sigma)$ 也可以通过两个相邻尺度图像的差值来计算。

$$D(x,y,\sigma)=(G(x,y,k\sigma)-G(x,y,\sigma))*I(x,y) \qquad (2\text{-}40)$$
$$=L(x,y,k\sigma)-L(x,y,\sigma)$$

式中，k 为相邻尺度的尺度因子。

提取 SIFT 特征点后，可以计算其坐标 $(x，y)$，尺度 σ、对比度 c 和边缘响应强度 r，并将对比度 c 小于阈值 Tc（如 Tc＝0.03）或者边缘响应强度 r 大于阈值 Tr（如 Tr＝10）的不稳定特征点剔除。最后计算每一个 SIFT 特征点附近（64×64）的图像梯度并统计局部梯度主方向，可以得到一个 128 维的描述向量。

2）SIFT 特征匹配。标准 SIFT 匹配算法中采用描述向量之间的最小欧氏距离作为匹配的准则，并将最近距离和次近距离之比大于给定阈值 Tdr 的不可靠匹配结果剔除。对于自然图像，Lowe（2004）推荐经验阈值 Tdr＝0.8，但有学者指出对于遥感影像，当 Tdr＝0.8 时会将大量的正确匹配点剔除。这里采用距离比约束和交叉匹配结合的方式进行 SIFT 特征点初匹配。

记 P 和 Q 分别为待匹配影像片和参考影像片上的特征点集，当满足下面两个条件之一时，相应的特征点 $p_i\in P$ 和 $q_j\in Q$ 即被选为匹配点。

Tdr 约束：特征点 p_i 的最近邻欧氏距离和次近邻欧氏距离之比大于 Tdr＝0.85，q_j 为 p_i 的最近邻特征点。这里 Tdr 的取值大于 Lowe（2004）推荐的0.8，是为了避免过多地删除正确匹配点。

交叉匹配：在点集 P 中特征点 p_i 是 q_j 的最近邻，同时在点集 Q 中，特征点 q_j 是 p_i 的最近邻。

当然，通过以上两个条件挑选的匹配点通常包含较多的误匹配点，需要进一步逐步剔除这些误匹配点。

3）剔除错误匹配。通常采用稳健估计的方法（如 RANSAC、最小中值平方等）从匹配候选点中找出正确匹配点并估计出仿射变换参数。但是当候选点中正确匹配点的比例低于 50% 时，这些方法一般不能给出稳健的估计结果。为了提高 SIFT 特征点的匹配准确性，分 4 步剔除误匹配点，即根据尺度比剔除、根据旋转角剔除、利用 RANSAC 算法和相似变换一致性剔除及根据精确仿射变换一致性剔除。相似变换和仿射变换模型分别由下式给出。

$$\begin{cases} x_r=s(x_s cos\theta+y_s sin\theta)+t_x \\ y_r=s(-x_s sin\theta+y_s cos\theta)+t_y \end{cases} \qquad (2\text{-}41)$$

$$\begin{cases} x_r=a_0+a_1 x_s+a_2 y_s \\ y_r=b_0+b_1 x_s+b_2 y_s \end{cases} \qquad (2\text{-}42)$$

式中，x_s 和 y_s 是待匹配影像片中的像素坐标；x_r 和 y_r 是参考影像片中的像素坐标；s 和 θ 分别为相似变换的尺度参数和旋转角参数；t_x 和 t_y 分别为相似变换在 x 方向和 y 方向的平移参数；a_0、a_1、a_2、b_0、b_1、b_2 分别为仿射变换的 6 个参数。

（2）基于直线的配准

遥感影像的几何校正需要一定数量的控制数据，图像的匹配是控制数据自动获取的一个重要途径。然而，由于影像获取时间不同、波段不同、获取条件差异大等因素，多源影像的自动匹配往往比较困难。传统的影像自动匹配方法是基于点特征的，通常非常依赖影像的灰度、梯度、纹理等信息，对于多源影像或低纹理区的影像匹配效果很不理想。因此，可采用基于直线段的自动匹配方法，分别从待匹配影像和参考影像上提取直线段特征后直接利用直线段之间的几何关系进行影像匹配，大大减小了匹配过程对影像成像条件的依赖（张永军等，2011；Chen and Shao，2013；武盟盟等，2014；曹金山等，2015；张永军等，2015），适用于多源遥感影像的自动匹配，甚至可以直接利用矢量数据进行影像的自动匹配，充分利用现有的控制资料（张祖勋等，2005；Long et al.，2013）。

采用高斯混合模型（GMM）和期望最大化（EM）算法来实现。给定待匹配影像上的一组直线段集合 $X = \{x_1, x_2, \cdots, x_N\}$ 和参考影像上的一组直线段集合 $Y = \{y_1, y_2, \cdots, y_M\}$。如果将 X 视为 N 个高斯混合模型中心，将 Y 视为 M 个观测量，那么对于直线段匹配问题，观测量的似然函数可以表示为

$$L(\boldsymbol{\Theta}) = \ln \prod_{m=1}^{M} P(\boldsymbol{y}_m) \tag{2-43}$$

式中，$P(\boldsymbol{y}_m)$ 为观测值 $\boldsymbol{y}_m$ 在高斯混合模型中的边际分布；$\boldsymbol{\Theta}$ 为待匹配影像和参考影像之间的几何变换参数。

1）期望值计算。对于任一观测值 $\boldsymbol{y}_m$，其或者聚类到某一个 GMM 中心，或者不属于任何一个 GMM 中心（称其属于异常聚类中心）。对于任一 n（$1 \leqslant n \leqslant N$），用 $P(n)$ 表示 GMM 中心 $\boldsymbol{x}_n$ 的先验概率，用 $P(N+1)$ 表示异常聚类中心的先验概率，根据全概率法则，观测值 $\boldsymbol{y}_m$ 在高斯混合模型中的边际分布可以通过下式计算得到

$$P(\boldsymbol{y}_m) = \sum_{n=1}^{N+1} P(n) P(\boldsymbol{y}_m \mid n) \tag{2-44}$$

式中，$P(\boldsymbol{y}_m \mid n)$ 为观测值 $\boldsymbol{y}_m$ 属于 GMM 中心 $\boldsymbol{x}_n$ 或异常聚类中心的似然值。

当观测值 $\boldsymbol{y}_m$ 属于 GMM 中心 $\boldsymbol{x}_n$ 时，

$$P(\boldsymbol{y}_m \mid n) = \frac{1}{2\pi(\sigma^{(k)})^2} \exp\left(-\frac{\parallel T(\boldsymbol{x}_n, \boldsymbol{\Theta}(k)) \parallel^2}{2(\sigma^{(k)})^2}\right) \tag{2-45}$$

式中，T 表示从待匹配影像到参考影像的几何变换模型；σ 为 GMM 的协方差；k 为当前迭代次数。

观测值 $\boldsymbol{y}_m$ 在体积为 V 的工作空间中均匀分布，其似然值为

$$P(\boldsymbol{y}_m \mid N+1) = \frac{1}{V} \tag{2-46}$$

此外，根据 GMM 中心的体积，先验概率 $P(n)$ 可以通过下式计算得到

$$P(n) = \begin{cases} p_{\text{in}} = \dfrac{v_{\text{in}}}{V} & 1 \leqslant n \leqslant N \\ p_{\text{out}} = \dfrac{V - v_{\text{in}}}{V} & n = N+1 \end{cases} \tag{2-47}$$

式中，v_{in} 和 v_{out}（$v_{\text{out}} = V - v_{\text{in}}$）分别为 GMM 中心的总体积和异常聚类中心的体积；p_{in} 和 p_{out} 分别表示观测值属于 GMM 中心和异常聚类中心的概率。

根据贝叶斯法则，观测值 $\boldsymbol{y}_m$ 属于 GMM 中心 $\boldsymbol{x}_n$ 或异常聚类中心的后验概率为

$$p_{mn} = P(n \mid \boldsymbol{y}_m) = \frac{P(n) P(\boldsymbol{y}_m \mid n)}{P(\boldsymbol{y}_m)} \tag{2-48}$$

将式（2-44）~式（2-47）代入式（2-48）可得，当观测值 $\boldsymbol{y}_m$ 属于 GMM 中心 $\boldsymbol{x}_n$ 时，

$$p_{mn}^{(k)} = \frac{\exp\left(-\dfrac{\| T(\boldsymbol{x}_n, \boldsymbol{\Theta}^{(k)}), \boldsymbol{y}_m \|^2}{2(\sigma^{(k)})^2} \right)}{c + \sum\limits_{q=1}^{N} \exp\left(-\dfrac{\| T(\boldsymbol{x}_q, \boldsymbol{\Theta}^{(k)}), \boldsymbol{y}_m \|^2}{2(\sigma^{(k)})^2} \right)} \tag{2-49}$$

式中，$c = 2/9$，可由 v_{in}、v_{out} 和 V 确定（详见 Long et al., 2013）。

当观测值 $\boldsymbol{y}_m$ 属于异常聚类中心时，

$$p_{m(N+1)}^{(k)} = 1 - \sum_{n=1}^{N} p_{mn}^{(k)} \tag{2-50}$$

于是对于直线段匹配问题，观测量的似然函数的期望可以表示为

$$E(\mathcal{L}(\boldsymbol{\Theta})) = \sum_{m=1}^{M} \sum_{n=1}^{N+1} P^{(k)}(n \mid \boldsymbol{y}_m) \ln P(n) P(\boldsymbol{y}_m \mid n) \tag{2-51}$$

2）期望值最大化。忽略与参数 $\boldsymbol{\Theta}$ 无关的常数并将符号取反，以下目标函数可根据 $E(\mathcal{L}(\boldsymbol{\Theta}))$ 导出，

$$Q(\boldsymbol{\Theta}) = \frac{1}{2(\sigma^{(k)})^2} \sum_{m=1}^{M} \sum_{n=1}^{N+1} p_{mn}^{(k)} \| T(\boldsymbol{x}_n, \boldsymbol{\Theta}), \boldsymbol{y}_m \|^2 \tag{2-52}$$

使 $E(\mathcal{L}(\boldsymbol{\Theta}))$ 最大化等效于使 $Q(\boldsymbol{\Theta})$ 最小化，最优化的参数 $\boldsymbol{\Theta}^{(k+1)}$ 将被用于在下一次迭代中计算新的后验概率 $p_{mn}^{(k+1)}$ 和新的协方差 $(\sigma^{(k+1)})^2$。

重复进行期望值计算和期望值最大化这两个步骤，直到满足收敛条件为止，即可实现这两组直线段的匹配，同时得到待匹配影像和参考影像之间的几何变换关系。

利用直线自动配准算法，我们可以在异源遥感影像，甚至是遥感影像与地图数据之间进行影像配准，如图 2-5 所示。

(a) 百度地图   (b) 卫星影像

图 2-5　遥感影像与地图数据之间的影像配准

2.1.3.3　基于多种特征影像配准的通用框架

遥感影像的配准需要足够数量和足够准确的地面控制点或控制直线，在实际应用中这一条件有时难以满足。事实上，造成控制点或控制直线不足的原因有时并不完全是缺乏控制资料，而是在线状地物（如道路）或面状地物（如湖泊）上没有明显的特征点和特征直线，而参考影像、数字线划地图、GIS 矢量数据中存在大量的曲线和曲面特征，使用曲线和曲面特征进行几何模型优化能够充分利用这些数据。另外，由于曲线和曲面特征是由许多点组成的，个别点的误差对于控制面本身来说影响并不大，因此，基于曲线和曲面特征的几何模型优化方法比基于点特征的优化方法具有更强的容错能力。综合利用多种特征不仅可为控制资料的选取提供更多选择，还能提高影像配准的可靠性（龙腾飞等，2013；Long et al.，2015b）。

（1）基于控制点的距离模型

成像几何模型用来建立像平面点和物方空间点的对应关系，在摄影测量与遥感领域存在各种各样的成像模型，如严格成像模型和有理函数模型等，这些模型均可以表达为式（2-53）所示的通用形式。

$$\begin{cases} x=f_x(X,Y,Z,t) \\ y=f_y(X,Y,Z,t) \end{cases} \tag{2-53}$$

式中，(X,Y,Z) 表示控制点的地面坐标；(x,y) 表示控制点在像平面的量测坐标；$t=(t_1,t_2,\cdots,t_n)^{\mathrm{T}}$ 表示传感器几何模型的参数，也可以称作外方位元素（EOPs）。

给定一对同名点 $A=(x,y)$ 和 $B_t=(x_t,y_t)$，其距离矢量可以表示为

$$\boldsymbol{\rho}(A,B_t)=\begin{bmatrix} x-x_t \\ y-y_t \end{bmatrix} \tag{2-54}$$

（2）基于控制直线的距离模型

物方空间直线与对应的像方平面直线存在共面关系，共面条件可以分解为两个共线条件：A_1 点在像平面的相应像点 $a_1'(x_1',y_1')$ 与点 a_1、a_2 共线；A_2 点在像平面的相应像点 $a_2'(x_2',y_2')$ 与点 a_1、a_2 共线，如图 2-6 所示。

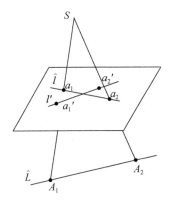

图 2-6　共面条件分解为共线条件

直线采用如下形式表示：

$$r=-x\sin\theta+y\cos\theta \tag{2-55}$$

式中，(x,y) 为直线上一点的坐标；r 和 θ 为直线方程的参数。

对于任一直线段，可用其两个端点和直线方程参数表示，即 $(x_1,y_1,x_2,y_2,r,\theta)$。

从某一点 (x,y) 到直线段 $(x_1,y_1,x_2,y_2,r,\theta)$ 的距离可以表示为

$$\left| -x\sin\theta+y\cos\theta-r \right| \tag{2-56}$$

两个直线段 $(x_1,y_1,x_2,y_2,r,\theta)$ 和 $(x_1',y_1',x_2',y_2',r',\theta')$ 之间的有向距离可以表示为

$$\begin{cases} d_1=-x_1'\sin\theta+y_1'\cos\theta-r \\ d_2=-x_2'\sin\theta+y_2'\cos\theta-r \end{cases} \tag{2-57}$$

因此，给定一对同名直线段：

$$A=(x_1,y_1,x_2,y_2,r,\theta)$$
$$B_t=(x_{1t},y_{1t},x_{2t},y_{2t},r_t,\theta_t)$$

两直线段之间的有向距离矢量可以表示为

$$\boldsymbol{\rho}(A,B_t) = \begin{bmatrix} -x_{1t}\sin\theta + y_{1t}\cos\theta - r \\ -x_{2t}\sin\theta + y_{2t}\cos\theta - r \end{bmatrix} \tag{2-58}$$

由于一条控制直线可以导出两个误差方程，因此理论上说 $m>n/2$ 条有效控制直线（不共线或重合）即可求出模型中的 n 个未知参数。

（3）基于曲线和面特征的距离模型

首先将控制面多边形表示为其顶点集合。给定任意两个点集 $A=\{a_1,\cdots,a_p\}$ 和 $B=\{b_1,\cdots,b_p\}$，可以采用原始的 Hausdorff 距离来计算两个点集之间的距离，计算式为

$$H(A,B) = \max(h(A,B),h(B,A)) \tag{2-59}$$

其中

$$h(A,B) = \max_{a\in A}\min_{b\in B}\parallel a,b\parallel \tag{2-60}$$

式中，$\parallel\cdot,\cdot\parallel$ 表示两点之间的距离。

由于原始的 Hausdorff 距离公式中包含了最大值、最小值的操作，因而不是连续可微的，不便于最优化计算；此外，最大值的操作也使 Hausdorff 距离对粗差十分敏感。针对这些问题，Long 等（2015）提出了一种鲁棒光滑的 Hausdorff 距离作为面特征的距离度量，即

$$H_{\mathrm{rs}}(A,B) = \sqrt{h_{\mathrm{rs}}^2(A,B)+h_{\mathrm{rs}}^2(B,A)} \tag{2-61}$$

其中

$$h_{\mathrm{rs}}(A,B) = \frac{1}{N_A}\sum_{a\in A}d(a,B) \tag{2-62}$$

$$d(a,B) = \left(\frac{1}{N_B}\sum_{b\in B}\parallel a,b\parallel + \varepsilon\right)^{1/\alpha} - \varepsilon \tag{2-63}$$

$$\varepsilon>0, \alpha<0$$

当 $\alpha\to-\infty$ 时，式（2-63）会收敛于 $\min_{b\in B}\parallel a,b\parallel$，且当 $\alpha<-4$ 时，对于较小的 ε，收敛精度已经能够满足要求。实际应用中可取 $\varepsilon=0.1$，$\alpha=5$。相比原始的 Hausdorff 距离，改进的 Hausdorff 距离具有连续可微和抗粗差的性质，更适合作为曲线和面特征的距离度量。

给定一对同名面特征 $A=\{a_1,\cdots,a_p\}$ 和 $B_t=\{b_{1t},\cdots,b_{pt}\}$，两个面特征之间的有向距离矢量可以表示为

$$\boldsymbol{\rho}(A,B_t) = \begin{bmatrix} h_{\mathrm{rs}}(A,B_t) \\ h_{\mathrm{rs}}(B_t,A) \end{bmatrix} \tag{2-64}$$

一个控制面特征可以导出 2 个误差方程，因此利用不少于 $n/2$ 个控制面特征即可求解出模型中的 n 个未知参数 t。

（4）基于多种特征的几何模型优化

一对控制特征由像平面特征 A 和其对应的地面特征 B 组成。地面特征通常是在地面高程模型（DEM）的辅助下从参考影像上采集的。利用式（2-53）将地面特征 B 上的所有点转换到像平面可以得到 B 在像平面上的投影特征 B_t。显然，如果成像模型和地形数据足够精确，B_t 和 A 应该重合。因此可以得到如下的约束条件，

$$\rho(A, B_t) = 0 \tag{2-65}$$

式中，$\rho(A, B_t)$ 表示 A 和 B_t 之间的广义距离。点、直线、曲线、面之间的距离如图 2-7 所示，具体地，分别可以通过式（2-54）、式（2-58）和式（2-64）进行计算。

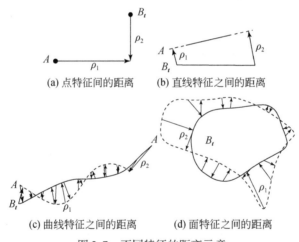

(a) 点特征间的距离　　(b) 直线特征之间的距离

(c) 曲线特征之间的距离　　(d) 面特征之间的距离

图 2-7　不同特征的距离示意

于是利用这一对控制特征可以通过线性化建立以下误差方程：

$$-v = \frac{\partial \rho(A, B_t)}{\partial t} \Delta t - L \tag{2-66}$$

式中，v 表示随机误差向量；$L = \rho(A, B_{t_0})$；t_0 为参数向量 t 的初始值。

针对点、直线、曲线和面，误差方程的线性化分别通过下面三式计算：

$$\frac{\partial \rho(A, B_t)}{\partial t} = \begin{bmatrix} -\dfrac{\partial f_x(X, Y, Z, t)}{\partial t} \\ -\dfrac{\partial f_y(X, Y, Z, t)}{\partial t} \end{bmatrix} \tag{2-67}$$

$$\frac{\partial \rho(A,B_t)}{\partial t} = \begin{bmatrix} -\sin\theta \, \dfrac{\partial f_x(X_1,Y_1,Z_1,t)}{\partial t} + \cos\theta \, \dfrac{\partial f_y(X_1,Y_1,Z_1,t)}{\partial t} \\ -\sin\theta \, \dfrac{\partial f_x(X_2,Y_2,Z_2,t)}{\partial t} + \cos\theta \, \dfrac{\partial f_y(X_2,Y_2,Z_2,t)}{\partial t} \end{bmatrix} \qquad (2\text{-}68)$$

$$\frac{\partial \rho(A,B_t)}{\partial t} = \begin{bmatrix} \displaystyle\sum_{i=1}^{N_B}\left(\dfrac{\partial h_{rs}(A,B_t)}{\partial x_i}\dfrac{\partial f_x(X_i,Y_i,Z_i,t)}{\partial t} + \dfrac{\partial h_{rs}(A,B_t)}{\partial y_i}\dfrac{\partial f_y(X_i,Y_i,Z_i,t)}{\partial t}\right) \\ \displaystyle\sum_{i=1}^{N_B}\left(\dfrac{\partial h_{rs}(B_t,A)}{\partial x_i}\dfrac{\partial f_x(X_i,Y_i,Z_i,t)}{\partial t} + \dfrac{\partial h_{rs}(B_t,A)}{\partial y_i}\dfrac{\partial f_y(X_i,Y_i,Z_i,t)}{\partial t}\right) \end{bmatrix}$$

$$(2\text{-}69)$$

由于成像模型和距离模型较复杂，形式也不一致，误差方程通常十分复杂，不便于计算偏导数的解析形式，因此通过自动微分技术计算偏导数的数值解，然后利用 Levenberg-Marquardt 算法联立各误差方程，进行最优化计算。

总的说来，基于多种特征的遥感影像配准方法关键是定义各种特征之间的距离度量、利用不同的控制特征建立误差方程，然后通过平差的方法优化成像模型参数，其技术路线如图2-8所示。

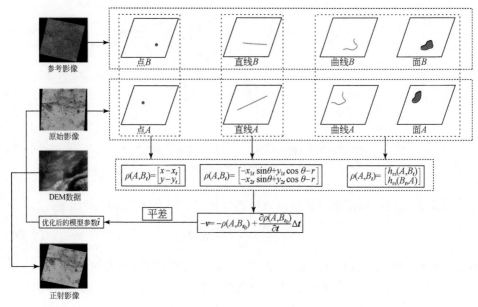

图 2-8　基于多种特征的遥感影像配准方法

下面采用吉尔吉斯斯坦伊塞克湖地区的 GF-1 WFV 影像（空间分辨率为16m）进行影像试验。该地区没有境外控制点，仅有行车记录的 GPS 航迹（图2-9）。

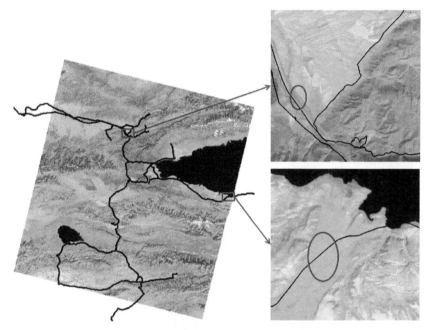

图2-9　实验中的航迹分布及影像误差示意图

从图2-9中可以看到，在配准前，影像上的道路与航迹线有明显的偏差。常规的配准方法需要利用控制点来进行，但由于航迹线是GPS定时自动记录的点位坐标，无法准确地定位到影像上具体的点位，因而无法从航迹线上选取精确的控制点。借助提出的基于直线的配准方法，可以直接从航迹线上选取控制直线来进行影像配准。控制直线的选取不要求从航迹线上选取的直线段端点与影像上直线段的端点完全对应，避免了点位不精确的问题。图2-10显示了部分控制直线。

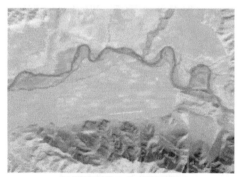

(a) 原始影像上的直线示意1

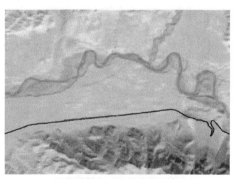

(b) 航迹线上对应的直线示意1

(c) 原始影像上的直线示意2　　　　　(d) 航迹线上对应的直线示意2

图 2-10　控制直线示意

试验中共选取 7 对控制直线进行影像配准，配准前后的影像部分区域如图 2-11 所示。可以看到，配准前影像上道路与矢量线有明显错位，配准后影像上道路与矢量线完全重合。

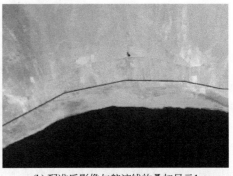

(a) 配准前影像与航迹线的叠加显示1　　　(b) 配准后影像与航迹线的叠加显示1

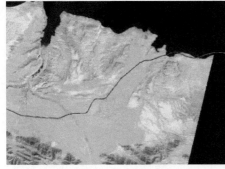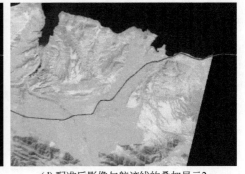

(c) 配准前影像与航迹线的叠加显示2　　　(d) 配准后影像与航迹线的叠加显示2

图 2-11　影像配准前后对比示意图

2.2 遥感数据辐射归一化

卫星数据通常以原始影像数据产品（digital number 值，简称 DN 值）的形式提供给用户，DN 值没有明确的物理意义，不同时间、不同地点和不同传感器的 DN 值缺乏时空可比性，遥感数据用户难以直接使用。为充分挖掘海量卫星数据的应用价值，迫切需要在原始影像数据的基础上进行辐射归一化处理，去除传感器差异、具体成像条件不同（太阳高度角、大气散射和吸收、地形起伏等）对卫星观测值的影响，最大限度地保留地物的真实辐射信息，使相同地物在不同卫星传感器、不同时相、不同地点的影像上的辐射值具有时空可比性。

地表反射率和地表温度是两个最基本的遥感辐射参量。面向遥感数据工程对卫星数据辐射归一化处理的要求，我们研发海量遥感数据地表反射率和地表温度产品标准化自动化处理算法，算法需兼顾产品生产的精度和计算速度等方面。下面分别介绍全要素一体化地表反射率反演和大区域中分辨率地表温度反演。

2.2.1 全要素一体化地表反射率反演

地表反射率（land surface reflectance，LSR）是地表物体反射能量与到达地表物体的入射能量的比值，是表征地物属性的基本物理参量，广泛应用于农业、林业、生态环境等领域。从原始卫星影像观测值反演地表反射率是定量遥感的基本问题，涉及复杂的辐射传输过程建模。受制于定量遥感技术的发展，早期的地表反射率反演往往采用简化的模型，如仅考虑传感器辐射定标、太阳角度等因素的影响得到的星上反射率，由于没有考虑地表反射率反演的主要影响因素（大气散射和吸收等），星上反射率与地表反射率相差较大。随着定量遥感技术的快速发展，地表反射率反演相关模型的精度和实用化程度不断提高，为从卫星影像，尤其是中分辨率卫星影像，高精度、工程化反演地表反射率提供了技术支撑。如近年来 USGS 成功研发的 Landsat 地表反射率产品，该产品以 6S（second simulation of the satellite signal in the solar spectrum）辐射传输模型精确模拟大气辐射传输过程，以气象再分析资料作为 6S 模型的输入参数，实现了 Landsat 系列卫星地表反射率反演的精确化和工程化。中国科学院空天信息创新研究院何国金团队采用基于 MODIS 数据和 6S 模型查找表的大气校正方法对 Landsat 8 数据进行大气校正研究和地表反射率产品生产（Peng et al.，2016）。为了从原始影像数据更精确地反演地表反射率，需要综合考虑传感器辐射定标、大气散射和吸收、地形起伏以及地表二向反射（bidirectional reflectance distribution function，BRDF）等因素的影响，然而目前已有的地表反射率产品通常只考虑了其中两项或者三项因素的影响（Zhang et al.，2017），我们在前人工作的基础上研发大气–地形-BRDF 耦合校正技术，实现传感器、大气、地形和 BRDF 影像的全要素一体化校正。

（1）光谱辐射亮度转换

辐射定标是遥感数据辐射标准化处理的第一步，它的精度直接影响遥感数据辐射产品的精度，通过辐射定标将卫星影像像元 DN 值转换为光谱辐射亮度，具体转换过程如下：

$$L_\lambda = \frac{L_{max} - L_{min}}{QCAL_{max} - QCAL_{min}}(QCAL - QCAL_{min}) + L_{min} \qquad (2\text{-}70)$$

式中，L_λ 为光谱辐射亮度 $[W/(m^2 \cdot \mu msr)]$；QCAL 为像元的 DN 值；$QCAL_{max}$ 和 $QCAL_{min}$ 分别为像元可以取得的最大和最小 DN 值；L_{max} 和 L_{min} 分别为 $QCAL = QCAL_{max}$ 和 $QCAL = QCAL_{min}$ 时的光谱辐射亮度值 $[W/(m^2 \cdot \mu msr)]$。

（2）大气校正

传感器在获取地表信息过程中必然受到大气分子、气溶胶和水蒸气等大气成分吸收与散射的影响，使其获取的遥感信息中带有一定的非目标地物的成像信息，为了提高遥感信息的精度，需要消除大气吸收与散射的影响，这称为大气校正。卫星遥感图像的大气校正一直是遥感辐射标准化处理的主要难点和核心内容。

遥感影像的大气校正研究始于 20 世纪 70 年代，经过 40 多年的发展，已经出现了很多种大气校正方法，包括辐射传输模型（radiative transfer model，RTM）法、暗目标减法（dark object subtraction，DOS）、不变目标法（invariant object method）等，其中辐射传输模型法是最常用的遥感图像大气校正方法。辐射传输模型法是利用电磁波在大气中的辐射传输原理建立起来的模型对遥感图像进行大气校正，它具有严密的理论基础和较高的校正精度。目前已经出现了多个大气辐射传输模型，这些模型在原理上基本相同，差异在于不同的假设条件和适用的范围。在遥感图像大气校正领域较常用的是 6S 模型。6S 模型是在 5S 模型的基础上发展而来的，该模型采用了最新近似（state of the art approximation）和逐次散射（successive orders of scattering）算法来计算散射和吸收，提高了瑞利散射与气溶胶散射的计算精度。改进了模型的参数输入，使其更接近实际。

辐射传输模型法的优点是能够进行高精度的大气校正；缺点是计算量大，而且需要较多的输入参数，比如大气水蒸气含量、气溶胶光学特征、臭氧含量等。而获取与卫星过境时刻同步的实时大气参数往往很困难，如果利用模型内置的标准大气来近似代替，将严重影响辐射传输模型法的精度。因此，对于大区域遥感数据大气校正而言，如何获取满足辐射传输模型要求的实时或近实时大气参数，是该方法成功的关键。

1）基于 MODIS 数据和 6S 模型查找表的大气校正方法。

该方法适用于 2000 年以后的 Landsat 等数据的地表反射率反演。基于 MODIS 卫星数据研发的大气参数产品，为 6S 辐射传输模型提供了较理想的输入参数，对于 2000 年以后的 Landsat 等卫星数据大气校正，可以利用过境时间近似同步的 MODIS 大气参数产品来较精确的获取 6S 模型的输入参数，具体用到的 MODIS 产品包括：大气水蒸气含量（MCD19A2），空间分辨率为 1km；气溶胶光学厚度（MCD19A2），空间分辨率为 1km；臭氧含量（MOD08），空间分辨率为 1°×1°。对于 2000 年以前的 Landsat 等卫星数据大气校正，可以利用 NCEP 再分析资料（空间分辨率为 2.5°×2.5°）来近似获取 6S 模型需要的输入参数。

以 6S 辐射传输模型逐像元计算的方式模拟大气散射和吸收影响，6S 模型逐像元计算的方式最大限度地提高了模型模拟精度，但计算耗时过长。通过构建多维大气参数查找表的方式来提高计算速度，查找表的设计需要考虑维度和节点数，维度或者节点数过多，查找表的构建非常耗时，也容易造成数据冗余；相反，如果维度或者节点数过少，则会损失精度。为合理确定查找表的维度和节点数，基于 Landsat 8 数据对主要大气校正影响因子的敏感性进行了分析，涉及的影响因子包括太阳天顶角（solar zenith）、太阳方位角（solar azimuth）、大气水汽（water vapor）、臭氧（OZONE）、气溶胶光学厚度（aerosol optical thickness, AOT）和地物高程（DEM）。图 2-12 是以上 6 个影响因子的敏感性分析的结果，纵轴是地表反射率的变动。由图 2-12 可知，因为地表朗伯体的假定，太阳方位

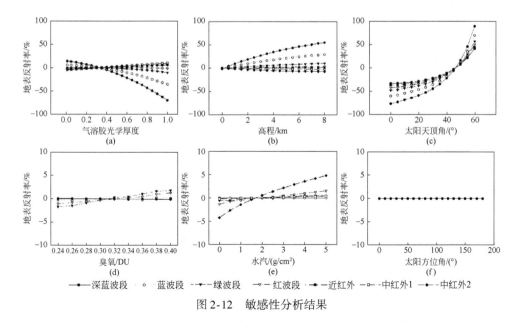

图 2-12 敏感性分析结果

角的变化对地表反射率没有影响，在构建查找表时，不再考虑太阳方位角，考虑剩余 5 个大气参数的取值范围及其对地表反射率的影响特征，构建的五维大气参数查找表的节点分布如表 2-2 所示（Peng et al., 2016）。

表 2-2　大气参数查找表的维度及节点分布

维度	节点	计数
太阳天顶角/(°)	0, 5, 10, 15, 20, 25, 30, 35, 40, 45, 50, 55, 60, 65, 70	15
大气水汽/(g/cm²)	0, 0.5, 1, 1.5, 2, 2.5, 3, 3.5, 4, 4.5, 5	11
臭氧/DU	0, 0.1, 0.2, 0.25, 0.3, 0.35, 0.4, 0.45, 0.5, 1	10
气溶胶光学厚度	0.01, 0.05, 0.1, 0.15, 0.2, 0.3, 0.4, 0.5, 0.6, 0.7, 0.8, 0.9, 1, 1.2, 1.4, 1.6, 1.8, 2	18
高程/km	0, 0.5, 1, 1.5, 2, 2.5, 3, 3.5, 4, 5, 6, 7, 8	13

表 2-2 共有 386 100 种参数组合，利用 6S 模型对每种参数组合进行模拟，预先构建大气参数查找表，在后续地表反射率反演时利用多维插值即可得到相应的地表反射率。通过构建包含主要大气校正精度影响因子的高维大气参数查找表，在保证地表反射率反演精度的条件下，大幅提高地表反射率反演的速度，从而实现地表反射率产品的快速高精度反演和业务化运行。

2）LEDAPS 和 LaSRC 的大气校正方法。

USGS 采用 Landsat Ecosystem Disturbance Adaptive Processing System （LEDAPS）对 Landsat 4/5/7 进行大气校正（Masek et al., 2006），采用 LaSRC （Landsat 8 Surface Reflectance Code）对 Landsat 8 数据进行大气校正（Vermote et al., 2016）。这两种方法均是在 6S 模型的基础上进行的，主要差别在于大气参数的获取，以及调用 6S 模型的方式。两种方法大气输入参数的差别如表 2-3 所示。表 2-3 中 NCEP（NOAA National Centers for Environmental Prediction）再分析数据的空间分辨率为 2.5°；OMI/TOMS（total ozone mapping-spectrometer）数据的空间分辨率为 1.25°；LaSRC 方法的水汽、气温和气溶胶参数均来自 MODIS MOD （MODIS Terra）/MYD（MODIS Aqua）09 CMA（climate modeling grid-aerosol）产品，空间分辨率为 0.05°，臭氧参数来自 MODIS MOD/MYD 09 CMG（climate modeling grid）粗分辨率臭氧产品，空间分辨率为 0.05°。

表 2-3　LEDAPS 和 LaSRC 大气输入参数列表

参数	LEDAPS	LaSRC
水汽	NCEP	MODIS CMA
臭氧	OMI/TOMS	MODIS CMG 粗分辨率臭氧

续表

参数	LEDAPS	LaSRC
气温	NCEP	MODIS CMA
气压	NCEP	基于高程数据计算得到
气溶胶	暗目标法反演	MODIS CMA

LEDAPS 处理系统将每景影像景中心点的观测几何参数和水汽、臭氧等大气参数的值应用于整景数据，利用暗目标法获取该景影像的气溶胶数据，根据建立的气溶胶查找表逐像元计算出大气校正的系数，从而实现 Landsat 4/5/7 地表反射率产品的生产。由于 LaSRC 算法采用 MODIS 大气产品作为输入参数，其空间分辨率较高，因此该算法是利用逐像元的观测几何参数和水汽、臭氧以及气溶胶等大气参数作为输入，为了提高算法的计算效率，该算法利用基于水汽、气溶胶、观测角度所建立的综合查找表进行计算，从而实现 Landsat 8 地表反射率产品的快速生产。从计算速度上来讲，LaSRC 计算速度相比于 LEDAPS 提高了 2 倍，但是占用内存较大。

（3）地形校正

在传感器成像过程中，地表接收的辐射能量和传感器所接收的信号要受地形起伏的影响。表现在遥感图像上，阴坡上的像元接收到的入射辐照度较弱、亮度值较低；与此相反，阳坡上的像元接收到的入射辐照度较强、亮度值较高。这样，处在阳坡和阴坡的同类地物的像元亮度值并不相同，而不同地物却可能具有相同或相近的亮度值。这种光谱信息的失真，严重影响了山区遥感图像的信息提取精度，成为山区遥感图像定量应用的一个障碍。地形校正的目的是减弱或消除地形起伏对传感器接收信号的影响，恢复地物在水平地表条件下的真实反射率。

目前出现的遥感图像地形校正模型总体上可以分为朗伯体模型和非朗伯体模型。朗伯体模型包括余弦校正模型、C 校正模型、SCS 校正模型和 SCS+C 校正模型等。非朗伯体模型包括 Minnaert 地形校正模型、Shepherd 地形校正模型等。综合国内外文献报道和实际校正效果来看，C 校正模型是应用较广泛、校正效果较理想的地形校正模型。

C 校正模型是在余弦校正模型的基础上，引入一个校正系数 C 来对余弦校正模型进行改进，以修正余弦校正模型存在的过校正问题。它是一种基于地表反射率和太阳入射角余弦值之间线性关系的经验校正方法。对于水平地表，影像像素对应的地表太阳入射角是太阳天顶角，其反射率和太阳入射角余弦值的关系为

$$\rho_H(\lambda) = m\cos z + b \tag{2-71}$$

式中，m 为反射率和太阳入射角余弦值之间线性方程的斜率；b 为其线性方程的截距；$\rho_H(\lambda)$ 为水平地表反射率；z 为太阳天顶角。

对于倾斜坡面，上式变为

$$\rho_T(\lambda) = m\cos i + b \tag{2-72}$$

$$\cos i = \cos z \cos S + \sin z \sin S \cos(\varphi - A) \tag{2-73}$$

式中，$\rho_T(\lambda)$ 为倾斜坡面地表反射率；i 为坡面太阳入射角（太阳直射光与坡面法线的夹角）；φ 为太阳方位角；S 和 A 分别为倾斜坡面的坡度和坡向。

把倾斜坡面对应的反射率投影到水平地面对应的反射率，即用式（2-71）除以式（2-72）得到 C 校正模型的校正公式：

$$\rho_H(\lambda) = \rho_T(\lambda)\frac{\cos z + c}{\cos i + c} \tag{2-74}$$

式中，$c = b/m$，b 和 m 可以通过在图像上选取样点，对地形校正前地表反射率和 $\cos i$ 之间的关系进行回归分析得到。

在传统 C 校正模型的基础上，还可以引入 h 因子来考虑地形对天空散射辐射的影响，引入 h 因子后，式（2-74）变为（Frantz et al., 2016）

$$\frac{\rho_H(\lambda)}{\rho_T(\lambda)} = \frac{\cos z + ch_0^{-1}}{\cos i + ch_0^{-1}h} \tag{2-75}$$

$$h = 1 - \frac{S}{\pi} \tag{2-76}$$

$$h_0 = \frac{\pi + 2z}{2\pi} \tag{2-77}$$

C 校正模型在一定程度上避免了余弦校正模型在低光照区存在的过校正问题，特别是对于地形背光面效果更好。但是由于 C 校正模型中的 C 校正系数是根据样本统计来建立回归方程得到的，因此选择不同的样本会产生不同的 C 校正系数，不同遥感影像对应不同的校正模型，普适性较差。因此，对遥感工程应用而言，如何优化 C 校正模型中的样本选取策略，提高 C 校正模型的通用性和可移植性，是需要解决的关键问题，在实际操作中，可以通过区分地表覆盖类型（如以 NDVI 阈值将区域划分为植被区和非植被区）并结合坡度分级来获取 C 校正系数，尽可能地提高模型的普适性。

（4）BRDF 校正

在遥感技术发展的初期，对地物辐射精度的要求往往不高，为了使问题简单化，地表通常被假设为朗伯体，不考虑地表反射的 BRDF 效应。然而，真实条件下的地表物体大多是非朗伯体，地物与电磁波之间的作用并非各向同性，而是具有明显的方向性。随着太阳–地表–传感器之间观测几何的变化，同一地物的地表反射率也会随之变化。随着遥感科学和技术的发展，对影像辐射处理精度的要求越来越高。由于 BRDF 效应的存在，在大气和地形条件相同的情况下，同一卫星传感器不同时相的遥感影像由于太阳天顶角和太阳方位角的变化，以及同一时间不同卫星传感器影像之间由于观测天顶角和观测方位角的不同，这些因素都会导致同一地物的地表反射率出现差异，为了实现多传感器多时相数据的定量比较和融合同化，保持多源遥感数据解译的一致性，必须对这些不同传感器、不同时间获取的遥感影像进行 BRDF 校正，最大限度地去除这些类似"噪声"因素的影响，保留地物的真实反射信息，使相同地物在不同时相、不同传感器的影像上具有相同的地表反射率，增强遥感信息的时空可比性。

目前 BRDF 校正大多利用核驱动半经验 BRDF 模型，通常用三个核函数的线性加权来拟合地表的 BRDF 形状，即各向同性散射（常数）、体散射核（Ross Thick kernel）和几何光学散射核（Li Sparse Reciprocal kernel），核的权重系数通过最小二乘法拟合得到。Ross-Thick Li-Sparse Reciprocal（RTLSR）模型是常用的半经验 BRDF 模型，用于生产 MODIS BRDF/Albedo 产品，RTLSR 模型表达式如下（Roy et al.，2016）：

$$\rho(\lambda,\Omega,\Omega') = f_{iso}(\lambda) + f_{vol}(\lambda)K_{vol}(\Omega,\Omega') + f_{geo}(\lambda)K_{geo}(\Omega,\Omega') \qquad (2\text{-}78)$$

式中，ρ 为对应于波长 λ、观测角度 Ω（观测天顶角和方位角）和太阳照射角度 Ω'（太阳天顶角和方位角）的光谱反射率；$K_{vol}(\Omega,\Omega')$ 和 $K_{geo}(\Omega,\Omega')$ 分别为体散射核和几何光学散射核，这两项只与太阳–传感器观测几何 (Ω,Ω') 有关，是太阳天顶角、观测天顶角及相对方位角的三角函数；f_{iso} 为各向同性散射系数，等于太阳天顶照射、传感器天顶观测时的地表反射率；f_{vol} 和 f_{geo} 为权重系数，分别表示体散射和几何光学散射所占的比例。后三个参数与波长相关。

在实际操作时，可以基于多角度观测数据拟合半经验 BRDF 模型，利用拟合模型实现基于影像自身的 BRDF 校正；或者借助外源的 BRDF 参数产品（如应用较多的 MODIS BRDF 参数产品），获取 BRDF 模型参数，进行卫星影像的 BRDF 校正。经过 BRDF 校正可以将地表反射率调整到同一"太阳–地表–传感器"观测几何下，从而减小太阳角度及卫星观测角度变化对地表反射率反演的影响。

（5）结果分析与验证

耦合传感器辐射定标、大气、地形和 BRDF 校正研发了地表反射率全要素一体化自动反演系统，实现从卫星影像 DN 值到地表反射率的全链路反演，以 Landsat 卫星影像为数据源，推出了中国全境全要素地表反射率产品，该产品可以通过 ftp://bigrs-info.com/public 免费下载。

下面分别从大气、地形和 BRDF 三个方面通过对比分析来展示校正的效果。

对大气校正效果的检验利用地表实测光谱数据，于 2014 年 6 月 11 日在南京开展星地同步实验，在东洼子和燕山选择 12 个测量样点，样点的地表覆盖类型均为大片均质草地（面积在三个 Landsat 8 像元以上），在 Landsat 8 卫星过境前后（上午 10 点到 11 点），利用 ASD 光谱仪测量地表反射率，同时用高精度 GPS 记录测量样点的经纬度，为便于后期对比，根据地形起伏情况和临近度将 12 个测量样点进一步划分为 4 个测量样地，样地的测量值由样点测量值取平均得到。从 2014 年 6 月 11 日南京市的 Landsat 8 卫星影像（path/row：120/38）反演得到地表反射率，与样地实测反射率进行对比，对比结果如表 2-4 所示。从表 2-4 中可以看出，除第一波段外，其他波段的模型反演反射率与实测地表反射率均具有较好的一致性，4 个样地的 RMSD（root mean squared deviation）分别为 0.0271、0.0310、0.0271 和 0.0208。第 1 波段偏差较大可能是由 MODIS 气溶胶光学厚度的误差导致的，Landsat 8 第 1 波段的波长为 0.43 ~ 0.45μm，波长最短，气溶胶散射作用最强，并且气溶胶光学厚度的值越大，影响也越大。研究区 MODIS 气溶胶光学厚度的范围为 0.7070 ~ 1.694，均值和标准差分别为 1.3339 和 0.1343，较高浓度的大气气溶胶对第 1 波段反演结果产生了较大影响。

表 2-4　模型反演地表反射率与实测值对比

样地	项目	b1	b2	b3	b4	b5	b6	b7
样地 1	$\rho_{\text{in-situ}}$	0.0501	0.0614	0.1161	0.0965	0.4085	0.3355	0.2162
	ρ_{MC}	0.0054	0.0340	0.0955	0.1043	0.4146	0.3609	0.2512
	RMSD	0.0271						
样地 2	$\rho_{\text{in-situ}}$	0.0522	0.0650	0.1268	0.1046	0.3937	0.3218	0.2014
	ρ_{MC}	0.0025	0.0291	0.0840	0.0842	0.3820	0.3005	0.1897
	RMSD	0.0310						
样地 3	$\rho_{\text{in-situ}}$	0.0516	0.0643	0.1246	0.1037	0.3926	0.3186	0.1995
	ρ_{MC}	0.0042	0.0314	0.0895	0.0900	0.4052	0.3333	0.2052
	RMSD	0.0271						
样地 4	$\rho_{\text{in-situ}}$	0.0339	0.0395	0.0762	0.0587	0.3787	0.2756	0.1573
	ρ_{MC}	0.0081	0.0350	0.0836	0.0878	0.3589	0.3006	0.1780
	RMSD	0.0208						

注：$\rho_{\text{in-situ}}$ 和 ρ_{MC} 分别表示地表实测反射率和模型反演反射率

通过图 2-13 对比可以看出，经过地形校正，地形起伏对地表反射率的影响得到很大程度的抑制，山体阴阳坡同种地物的地表反射率近似相等，地表反射率图像变得更加"平坦"和真实。

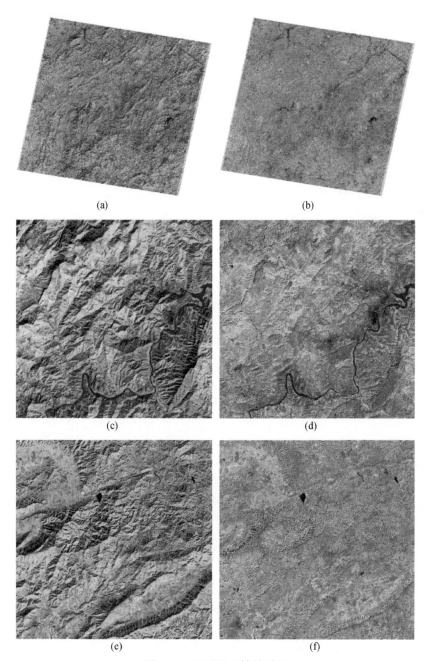

(a)　　　　　　　　　　　　　(b)

(c)　　　　　　　　　　　　　(d)

(e)　　　　　　　　　　　　　(f)

图 2-13　地形校正效果对比

（a）、（c）和（e）为地形校正前；（b）、（d）和（f）为地形校正后；

（a）和（b）为整景影像对比；（c）~（f）为局部放大对比。

Landsat 5 卫星影像。RGB：543。path/row：120/42。获取日期：2010 年 12 月 9 日

为了检验 BRDF 校正的效果，选取地表反射率不随季节变化的地表（大片均质的裸地等，简称不变地表），选择冬季（1月）和夏季（7月）的卫星影像，由于冬季和夏季太阳高度角和卫星观测角的变化，这些不变地表的地表反射率随季节出现一定的波动［图2-14（a）］，经过 BRDF 校正，减小了太阳高度角及卫星观测角变化对地表反射率反演的影响，冬季和夏季影像上这些不变地表的地表反射率变得更接近［和图2-14（a）相比，图2-14（b）的 RMSD 变小］。

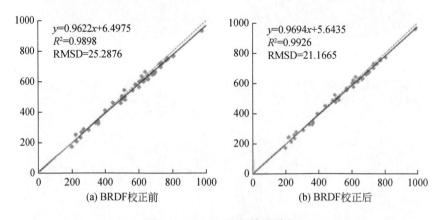

图 2-14　BRDF 校正效果对比

path/row：123/32。横轴对应 1999 年 1 月 14 日 Landsat 5 TM 蓝波段影像，纵轴对应 1999 年 7 月 25 日 Landsat 5 TM 蓝波段影像，地表反射率缩放系数为 0.0001

2.2.2　大区域中分辨率地表温度反演

地表温度是表征地物在热波段发射特征的物理量，从卫星数据的热红外波段 DN 值经过辐射定标、大气校正和比辐射率校正等定量处理可以反演得到地表温度。自 1982 年以来，Landsat 系列卫星持续获取了大量的时间序列热红外数据，尤其是 Landsat 5 卫星持续高质量运行了 30 年的时间，积累了大量的热红外数据。和其他长时间序列卫星数据（比如 TERRA/AQUA MODIS 数据和 NOAA AVHRR 数据）相比，Landsat 热红外数据不仅持续时间长，更重要的是空间分辨率大大提高（空间分辨率为 60m/100m/120m）。Landsat 4/5/7 卫星都只有一个热红外波段，Landsat 8 卫星虽然具有两个热红外波段（第 10 波段和第 11 波段），但是第 11 波段的定标误差偏大，不能应用于定量地表温度反演。因此基于 Landsat 系列卫星数据反演地表温度时只能利用单通道算法，而目前较成熟的劈窗算法并不适用。现有单通道地表温度反演方法主要包括三类：辐射传输方程

（radiative transfer equation，RTE）法、单窗算法（mono window algorithm，简称 MW 算法）和普适性单通道算法（generalized single channel algorithm，简称 GSC 算法）。

2.2.2.1 辐射传输方程法

辐射传输方程法是通过直接反解辐射传输方程来计算地表温度，公式如下：

$$B_i(T_s) = \frac{L_i - I_i^{a\uparrow} - (1-\varepsilon_i)\tau_i(\theta)I_i^{\downarrow}}{\varepsilon_i\tau_i(\theta)} \tag{2-79}$$

式中，T_s 表示地表温度；$B_i(T_s)$ 表示温度为 T_s 的绝对黑体的辐射亮度；L_i 表示星上辐射亮度；ε_i 表示地表比辐射率；$\tau_i(\theta)$ 表示大气透过率；$I_i^{a\uparrow}$ 和 $I_i^{\downarrow}$ 分别表示大气上行辐射和大气下行辐射。$\tau_i(\theta)$、$I_i^{a\uparrow}$ 和 $I_i^{\downarrow}$ 3 个大气参数利用辐射传输模型程序（如 MODTRAN）以大气剖面作为输入来计算得到。最后用普朗克（Planck）方程从 $B_i(T_s)$ 中解算出地表温度 T_s。

2.2.2.2 单窗算法

针对 Landsat 5 TM 数据提出了单窗地表温度反演算法，计算公式如下：

$$T_s = \frac{1}{C}\{a(1-C-D)+[b(1-C-D)+C+D]T_i - DT_a\} \tag{2-80}$$

$$C_i = \varepsilon_i\tau_i \tag{2-81}$$

$$D_i = (1-\tau_i)[1+(1-\varepsilon_i)\tau_i] \tag{2-82}$$

式中，a 和 b 是普朗克方程相关的系数（$a=-6.735\,535\,1$，$b=0.458\,606$）；T_i 是星上亮度温度；τ_i 是大气透过率（由于 TM 数据观测天顶角小于 8°，观测天顶角对透过率的影响忽略不计）；T_a 是大气有效平均温度。T_a 由近地表气温（T_0）计算得到，公式如表 2-5 所示。τ_i 由大气水汽含量（w）计算得到，公式如表 2-6 所示。

表 2-5　大气有效平均温度计算公式

大气剖面	公式
USA 1976	$T_a = 25.939\,6+0.880\,45\,T_0$
热带大气	$T_a = 17.976\,9+0.917\,15\,T_0$
中纬度夏季大气	$T_a = 16.011\,0+0.926\,21\,T_0$
中纬度冬季大气	$T_a = 19.270\,4+0.911\,18\,T_0$

表 2-6 **Landsat 5 TM 第 6 波段大气透过率计算公式**

大气剖面	大气水汽含量/(g/cm²)	公式	R^2	标准差
高气温	0.4 ~ 1.6	$\tau_6 = 0.974\,290 - 0.080\,07w$	0.996 11	0.002 368
	1.6 ~ 3.0	$\tau_6 = 1.031\,412 - 0.115\,36w$	0.998 27	0.002 539
低气温	0.4 ~ 1.6	$\tau_6 = 0.982\,007 - 0.096\,11w$	0.994 63	0.003 340
	1.6 ~ 3.0	$\tau_6 = 1.053\,710 - 0.141\,42w$	0.998 99	0.002 375

2.2.2.3 普适性单通道算法

Jiménez-Muñoz 和 Sobrino（2003）针对 Landsat 5 TM 数据提出了 GSC 算法，Jiménez-Muñoz 等（2009）对 GSC 算法进行改进并扩展到 Landsat 4 TM 和 Landsat 7 ETM+，Jiménez-Muñoz 等（2014）将 GSC 算法继续扩展到 Landsat 8 TIRS，GSC 算法计算公式如下：

$$T_s = \gamma \left[\frac{1}{\varepsilon_i} (\psi_1 L_i + \psi_2) + \psi_3 \right] + \delta \tag{2-83}$$

$$\gamma \approx \frac{T_i^2}{b_\gamma L_i} \tag{2-84}$$

$$\delta \approx T_i - \frac{T_i^2}{b_\gamma} \tag{2-85}$$

$$b_\gamma = \frac{c_2}{\lambda} \quad c_2 = 1.438\,768\,5$$

式中，γ 和 δ 是普朗克方程相关的系数；ψ_1、ψ_2 和 ψ_3 为三个大气功能参数；λ 是有效波长。

对于 Landsat 4 TM 第 6 波段，$b_\gamma = 1290K$；对于 Landsat 5 TM 第 6 波段，$b_\gamma = 1256K$；对于 Landsat 7 ETM+第 6 波段，$b_\gamma = 1277K$；对于 Landsat 8 TIRS 第 10 波段，$b_\gamma = 1324K$。均由大气水汽含量（w）计算得到，计算公式如式（2-86）和表 2-7 所示。

$$\begin{bmatrix} \psi_1 \\ \psi_2 \\ \psi_3 \end{bmatrix} = \begin{bmatrix} c_{11} & c_{12} & c_{13} \\ c_{21} & c_{22} & c_{23} \\ c_{31} & c_{32} & c_{33} \end{bmatrix} \begin{bmatrix} w^2 \\ w \\ 1 \end{bmatrix} \tag{2-86}$$

表 2-7 **Landsat 系列卫星数据对应的大气功能参数计算系数**

传感器/通道	c_{ij}	$j=1$	$j=2$	$j=3$
Landsat 4 TM 6	$i=1$	0.066 74	−0.034 47	1.044 83
	$i=2$	−0.500 95	−1.156 52	0.098 12
	$i=3$	−0.047 32	1.504 53	−0.344 05
Landsat 5 TM 6	$i=1$	0.081 58	−0.057 07	1.059 91
	$i=2$	−0.588 53	−1.085 36	−0.004 48
	$i=3$	−0.062 01	1.590 86	−0.335 13
Landsat 7 ETM+6	$i=1$	0.069 82	−0.033 66	1.048 96
	$i=2$	−0.510 41	−1.200 26	0.062 97
	$i=3$	−0.054 57	1.526 31	−0.321 36
Landsat 8 TIRS 10	$i=1$	0.040 19	0.029 16	1.015 23
	$i=2$	−0.383 33	−1.502 94	0.203 24
	$i=3$	0.009 18	1.360 72	−0.275 14

2.2.2.4 增强单通道算法 (enhanced single channel algorithm)

对于大区域地表温度反演，现有的三种算法各具优缺点，辐射传输模型法精度最高，但是需要卫星过境时刻的大气剖面参数，这些参数往往难以获得，实用性较差。单窗算法需要大气水蒸气含量和近地表气温作为输入参数，对于大区域（比如中国区域）地表温度反演而言，获取足够精度的近地表气温往往也很困难，而 GSC 算法需要的输入参数最少，仅需要大气水汽含量作为外源输入参数，具有更好的实用性和大区域应用潜力（Zhang and He, 2013; Zhang et al., 2016），近年来获得了较多关注。研究表明，GSC 算法应用于大区域地表温度反演时仍然存在一些问题，尤其是对中高大气水汽含量（$w>3\text{g/cm}^2$）情况，GSC 算法的精度较差。原因是 GSC 算法将全球情况进行了高度概括和简化，各种地理区域都利用同一模型进行地表温度反演，没有考虑各区域不同的地理情况，因此该算法应用于某些区域时必然产生较大的误差，针对 GSC 算法的不足，基于 Landsat 系列卫星数据研发了增强单通道地表温度反演算法（Wang et al., 2016），并应用于中国区域地表温度产品的生产。

算法推导过程如下。

根据简化的基于波段的辐射传输方程，忽略观测天顶角的影响，传感器入孔辐射亮度可以表示为

$$L_i = B_i(T_i) = \varepsilon_i \tau_i B_i(T_s) + (1-\varepsilon_i)\tau_i I_i^{a\downarrow} + I_i^{a\uparrow} \qquad (2\text{-}87)$$

式中，L_i 表示星上辐射亮度；T_i 表示星上亮度温度；ε_i 表示地表比辐射率；τ_i 表示大气透过率；$I_i^{a\uparrow}$ 和 $I_i^{a\downarrow}$ 分别表示大气上行辐射和大气下行辐射；$B_i(T)$ 表示温度为 T 的绝对黑体辐射亮度。假设在 T_i 与 T_s 之间的温度范围内 $B_i(T)$ 与 T 趋近线性关系，根据一阶泰勒扩展的近似，$B_i(T_s)$ 可以表示为

$$B_i(T_s) = B_i(T_i) + \frac{\partial B_i(T)}{\partial T}\bigg|_{T=T_i} (T_s - T_i) \qquad (2\text{-}88)$$

在温度 262 ~ 343K 之间计算 $\partial B_i(T)/\partial T$（定义为 γ_i）的值，见图 2-15。$\partial B_i(T)/\partial T$ 与 T 之间呈线性关系，因此 $\partial B_i(T)/\partial T$ 表示为

$$\gamma_i = \frac{\partial B_i(T)}{\partial T} = aT + b \qquad (2\text{-}89)$$

式中，a 和 b 分别表示 $\partial B_i(T)/\partial T$ 与 T 之间线性关系的斜率和截距。表 2-8 表示 Landsat 系列卫星传感器对应的 a 和 b。

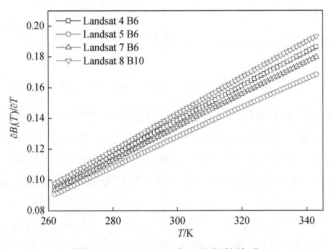

图 2-15　$\partial B_i(T)/\partial T$ 与 T 之间的关系

表 2-8　Landsat 4/5/7/8 卫星数据对应的 a 和 b

传感器/通道	a	b	R^2
Landsat 4 TM 6	0.001 130	−0.199 64	1
Landsat 5 TM 6	0.000 965	−0.161 80	0.999 9
Landsat 7 ETM+6	0.001 070	−0.186 42	0.999 9
Landsat 8 TIRS 10	0.001 190	−0.212 98	1

将方程（2-88）和方程（2-89）代入方程（2-87），得到

$$T_s = \{(1-\varepsilon_i\tau_i)L_i - [1+(1-\varepsilon_i)\psi_i]\varphi_i\}(\varepsilon_i\tau_i\gamma_i)^{-1} + T_i \qquad (2\text{-}90)$$

$$\psi_i = \frac{I_i^{a\downarrow}\tau_i}{I_i^{a\uparrow}} \tag{2-91}$$

$$\varphi_i = I_i^{a\uparrow} \tag{2-92}$$

式中，ψ_i 和 φ_i 是两个大气参数，加上 τ_i 总共 3 个大气参数。

用方程（2-90）计算地表温度，需要 6 个输入参数，包括地表比辐射率 ε_i、星上辐射亮度 L_i、星上亮度温度 T_i、3 个大气参数（τ_i、ψ_i 和 φ_i）。ε_i 可以用 NDVI 阈值法（Sobrino et al., 2004）或者其他方法计算得到；L_i 和 T_i 直接从热红外波段数据通过辐射定标计算得到。下面介绍 3 个大气参数（τ_i、ψ_i 和 φ_i）的求解方法。

2.2.2.5 大气参数建模

单通道算法利用大气参数来修正大气对地表热辐射传输的影响，建立精确的大气参数模型是单通道地表温度反演算法的关键。大气参数（τ_i、ψ_i 和 φ_i）与大气剖面紧密相关；大气中的水汽、臭氧（O_3）、二氧化碳（CO_2）以及其他成分都对其有一定影响。大气中的 O_3、CO_2 和其他成分的含量相对稳定，因此它们对大气参数的影响可以考虑为常数。然而大气中水汽含量（w）变化剧烈，同时在热红外光谱范围内，大气水汽吸收是影响卫星传感器信号的最重要因素，因此大气参数（τ_i、ψ_i 和 φ_i）显著性地依赖于 w，可以拟合于 w。

为了分析和建立大气参数（τ_i、ψ_i 和 φ_i）与 w 之间的关系，需要构建模拟数据集。以大气剖面作为输入，大气辐射传输模型（MODTRAN）可以模拟从地表到传感器高度之间的辐射传输过程，输出大气透过率、星上辐射亮度以及各组分的辐射亮度。利用两个大气剖面库作为 MODTRAN 的输入进行模拟，一个是集成在 MODTRAN 4.0 软件中的标准大气剖面，另一个是 Thermodynamic Initial Guess Retrieval（TIGR）全球大气剖面库。标准大气剖面具有典型性，标准大气剖面库生成的模拟数据集用于分析大气参数与 w 之间的关系。TIGR 大气剖面库具有时空代表性，用于建立大气参数与 w 之间的模型。

（1）标准大气剖面库

标准大气剖面库由 5 个集成在 MODTRAN 4.0 软件中的大气剖面组合不同的大气水汽含量值构成；热带大气（tropical atmosphere）组合 w 在 $0.1\sim6.0\text{g/cm}^2$，中纬度夏季大气（mid-latitude summer）组合 w 在 $0.1\sim5.4\text{g/cm}^2$，中纬度冬季大气（mid-latitude winter）组合 w 在 $0.1\sim1.3\text{g/cm}^2$，亚极地夏季大气（sub-arctic summer）组合 w 在 $0.1\sim3.1\text{g/cm}^2$，亚极地冬季大气（sub-arctic winter）组合 w 在 $0.1\sim0.6\text{g/cm}^2$，均以 0.1g/cm^2 为间隔。基于上面的组合总共产生了 164 个大气剖面。

(2) TIGR 大气剖面库

TIGR 是一个全球大气剖面库，一共由 2311 条大气剖面数据组成，其中包含 872 条热带大气剖面、742 条中纬度大气剖面和 697 条极地大气剖面。每一条剖面数据以指定的压强间隔将大气层分成 43 层，并给出了每层的气温、水汽含量和臭氧含量。TIGR 数据库中的大气水汽含量范围从 $0.066g/cm^2$ 到 $7.833g/cm^2$。去除剖面中相对湿度大于 90%（认为其受到云影响）的层，总共挑选出了 1393 条无云的大气剖面，w 的范围在 $0.066 \sim 6.4g/cm^2$。图 2-16 表示挑选出的 1393 条 TIGR 大气剖面的大气水汽含量和获取月份的直方图。

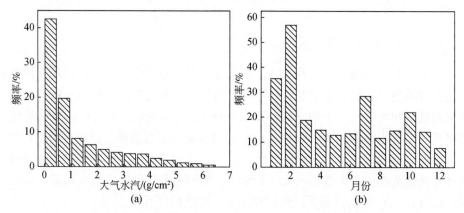

图 2-16　挑选出的 1393 条 TIGR 大气剖面的大气水汽含量和获取月份的直方图

MODTRAN4.0 输出的结果是基于光谱的值，波段有效值通过单色辐射加权计算得到，计算公式如下：

$$X = \int X_\lambda f(\lambda)\,d\lambda \tag{2-93}$$

式中，X_λ 表示基于光谱的量，如大气透过率或辐射亮度；$f(\lambda)$ 表示归一化波谱响应函数；λ 表示波长；X 表示波段有效值。用式（2-93）对 MODTRAN4.0 的输出结果进行处理，可以得到 τ、$I^{a\uparrow}$ 和 $I^{a\downarrow}$；然后用式（2-91）和式（2-92）计算得到 3 个大气参数（τ、ψ 和 φ）。

为了更精确地进行大气参数建模，分析了大气剖面对大气参数的影响。大气剖面对大气参数的影响分析可以分成两个部分：①相同的标准大气剖面条件下，大气水汽含量对大气参数的影响；②相同的大气水汽含量条件下，不同标准大气剖面对大气参数的影响。以 Landsat 8 TIRS-10 为例，图 2-17 表示对应于 5 个标准大气剖面的大气参数与 w 之间的关系。从图 2-17 中可以看出，在相同的标准大气剖面条件下，3 个大气参数都与大气水汽之间呈现明显的相关性，τ 和 ψ 随着大气水汽含量的增大而减小，φ 随着大气水汽含量的增大而增大。为了分析标准大气剖面对大气参数的影响，在相同大气水汽含量下，计算不同标准大气剖面间的大气参数差异（&X），用如下公式：

$$\&X = X_{\max} - X_{\min} \tag{2-94}$$

式中，X 表示大气参数（τ、ψ 和 φ）；$X_{\max}$ 和 $X_{\min}$ 分别表示相同大气水汽含量下 5 个标准大气剖面对应的大气参数的最大值和最小值。表 2-9 表示整个大气水汽含量范围内平均 &X，以及在大气水汽含量为 2g/cm² 和亮度温度为 297.43K 条件下平均 &X 引起的 LST 误差。

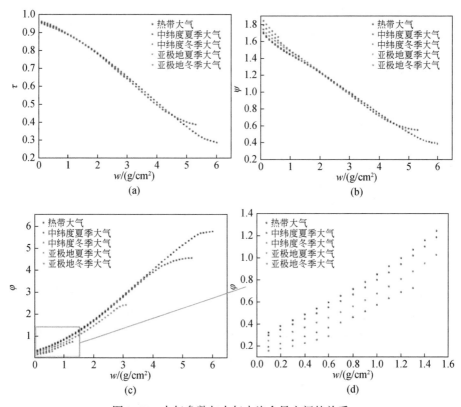

图 2-17　大气参数与大气水汽含量之间的关系

表 2-9　整个大气水汽含量范围内平均 &X 和其引起的 LST 误差

大气参数	平均 & X	LST 误差
τ	0.010	0.8436
ψ	0.042	0.0083
φ	0.293	2.7078

从表2-9中可以看出，τ 的平均差异最小，其次是 ψ，φ 的平均差异最大。τ 的平均差异为 0.01，而当 w 为 $2g/cm^2$ 时 $0.1g/cm^2$ 的 w 误差就能引起 0.01 的 τ 误差，因此 τ 主要受 w 的影响，受不同标准大气剖面的影响较小。与 τ 相比，不同标准大气剖面对 ψ 的影响稍大，平均差异为 0.042。但是 LST 对 ψ 的误差不敏感，在 w 为 $2g/cm^2$、亮度温度为 297.43K 的条件下，0.042 的 ψ 误差引起的 LST 误差仅为 0.0083K。忽略 ψ 在不同标准大气剖面之间的差异对地表温度反演的影响很小。因此，在对 τ 和 ψ 建模时只考虑 w 的影响，忽略不同标准大气剖面的影响。

大气参数 φ 的平均差异为 0.293，在 w 为 $2g/cm^2$、亮度温度为 297.43K 的条件下，0.293 的 φ 误差能够引起 2.7K 的 LST 误差，因此在对 φ 建模时，如果只考虑 w 的影响，会导致较大的 LST 误差。如图 2-17 所示，相同的大气水汽含量下，φ 的值以热带大气、中纬度夏季大气、亚极地夏季大气、中纬度冬季大气和亚极地冬季大气的顺序逐渐减小。5 个标准大气剖面具有鲜明的纬度和季节代表性，为获取高精度的 φ 模型，在 φ 模型中考虑了影像的中心纬度和获取月份的影响，具体公式如下：

$$\varphi = \varphi_b + r_l \Delta\varphi_l + r_t \Delta\varphi_t \tag{2-95}$$

式中，φ_b 表示 φ 的基本量；r_l 表示基于纬度的插值系数；$\Delta\varphi_l$ 表示纬度 $0° \sim 90°$（或者 $-90°$）之间的 φ 差异；r_t 表示基于获取月份的插值系数；$\Delta\varphi_t$ 表示夏季大气与冬季大气之间的 φ 差异。r_l 和 r_t 计算公式：

$$r_l = abs(lat)/90 \tag{2-96}$$

$$r_t = dif(mon, mon_s)/6 \tag{2-97}$$

式中，lat 表示 Landsat 影像中心纬度；mon 表示影像的获取月份；mon_s 表示当地夏季的中间月份（北半球取值 7，南半球取值 1）；abs(lat) 表示纬度的绝对值；dif(mon, mon_s) 表示 mon 和 mon_s 之间相差的月份。在上面分析的基础上，建立 τ、ψ、φ_b、$\Delta\varphi_l$ 和 $\Delta\varphi_t$ 和 w 之间的二次多项式拟合模型，矩阵形式如下：

$$\begin{bmatrix} \tau \\ \psi \\ \varphi_b \\ \Delta\varphi_l \\ \Delta\varphi_t \end{bmatrix} = \begin{bmatrix} c_{11} & c_{12} & c_{13} \\ c_{21} & c_{22} & c_{23} \\ c_{31} & c_{32} & c_{33} \\ c_{41} & c_{42} & c_{43} \\ c_{51} & c_{52} & c_{53} \end{bmatrix} \begin{bmatrix} w^2 \\ w \\ 1 \end{bmatrix} \tag{2-98}$$

大气参数 τ 和 ψ 直接用方程（2-94）计算得到，φ 结合方程（2-95）~ 方程（2-98）计算得到。基于 TIGR 大气剖面库生成的模拟数据集，用统计回归的方法拟合大气参数（τ、ψ 和 φ）模型中的系数 $c_{ij}(i=1,2,3,4,5; j=1,2,3)$，以 Landsat 8 TIR-10 为例：

$$C_{L8TI} = \begin{bmatrix} -0.0027 & -0.0978 & 0.9949 \\ 0.0404 & -0.4839 & 2.0436 \\ -0.0389 & 1.2263 & -0.4706 \\ 0.1709 & -0.9762 & 0.5466 \\ 0.0219 & -0.1080 & 0.0741 \end{bmatrix} \qquad (2\text{-}99)$$

同样的原理，拟合 Landsat 4/5/7 热红外数据的大气参数模型，结果如表2-10所示。

表2-10　Landsat 4/5/7 热红外数据大气参数模型的系数

传感器和通道	C_{ij}	$i=1$	$i=2$	$i=3$	$i=4$	$i=5$
L4B6	$j=1$	−0.0023	0.0452	−0.0526	0.1815	0.0255
	$j=2$	−0.1049	−0.5086	1.3196	−1.0279	−0.1238
	$j=3$	0.9957	2.0216	−0.5135	0.5820	0.0858
L5B6	$j=1$	0.001	0.0443	−0.0850	0.1994	0.0306
	$j=2$	−0.1358	−0.5016	1.5619	−1.1119	−0.1454
	$j=3$	0.9984	1.8896	−0.5630	0.6091	0.1004
L7B6	$j=1$	−0.0005	0.0452	−0.0679	0.1873	0.0270
	$j=2$	−0.1197	−0.5026	1.4225	−1.0523	−0.1310
	$j=3$	0.9956	1.9375	−0.5128	0.5735	0.0869

2.2.2.6　基于模拟数据集的地表温度验证

大气辐射传输模型（如 MODTRAN）能够模拟地表辐射传输到传感器的过程，经常用于地表温度的全球验证（Jiménez-Muñoz et al., 2009）。以地表（即地表温度和地表比辐射率）和大气条件（即大气剖面）作为输入，MODTRAN 4.0能模拟出传感器接收到的辐射亮度。首先将模拟得到的星上辐射亮度转换成星上亮度温度，然后将星上亮度温度、大气水汽含量、地表比辐射率输入单窗算法、普适性单通道算法和增强单通道算法用于计算地表温度，最后比较模拟的地表温度和计算的地表温度来验证模型的精度。

图2-18 表示单窗算法（SC_{Qin}）、普适性单通道算法（$SC_{J\&S}$）和增强单通道算法（SC_{en}）反演的地表温度与模拟的地表温度之差与大气水汽含量的关系。当大气水汽含量较低时，3个单通道算法的地表温度反演精度都较好，随着大气水汽含量的增大，3个算法的精度逐渐降低。大气对地表温度的影响随着大气水汽含量的增大而增大，大气水汽含量达到一定程度时，算法很难精确校正大气影响。从图2-18中可以看出，增强单通道算法的地表温度差异比单窗算法和普适

性单通道算法更集中于 0 轴，尤其是当水汽含量大于 $2g/cm^2$ 时，这表明增强单通道算法的地表温度反演精度高于单窗算法和普适性单通道算法。为了更直观地比较 3 种算法的地表温度反演精度，统计了不同大气水汽含量范围内单窗算法、普适性单通道算法和增强单通道算法反演得到的地表温度与模拟的地表温度之间的 RMSE（root mean square error）（表 2-11）。3 种算法的 RMSE 均随着大气水汽含量的增大而增大，当大气水汽含量小于 $2g/cm^2$ 时，3 种算法的 RMSE 都小于 2K。在所有的大气水汽含量范围内，增强单通道算法的 RMSE 都小于单窗算法和普适性单通道算法。考虑整个大气水汽含量范围，普适性单通道算法、单窗算法和增强单通道算法的整体的 RMSE 分别为 1.858K、2.509K 和 1.363K，结果表明增强单通道算法的精度比单窗算法提高 1K 以上，比普适性单通道算法提高约 0.5K。

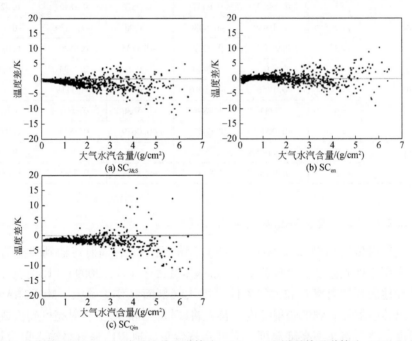

图 2-18 单窗算法（SC_{Qin}）、普适性单通道算法（$SC_{J\&S}$）和增强单通道算法（SC_{en}）反演的地表温度与模拟的地表温度之差与大气水汽含量的关系

表 2-11 不同大气水汽含量内单窗算法（SC_{Qin}）、普适性单通道算法（$SC_{J\&S}$）和增强单通道算法（SC_{en}）计算得到的地表温度与模拟的地表温度之间的 RMSE

（单位：K）

算法	大气水汽含量/(g/cm^2)						
	$0<w<1$	$1<w<2$	$2<w<3$	$3<w<4$	$4<w<5$	$5<w<8$	$0<w<8$
$SC_{J\&S}$	0.795	1.59	2.36	3.178	3.847	5.758	1.858

算法	大气水汽含量/(g/cm²)						
	$0<w<1$	$1<w<2$	$2<w<3$	$3<w<4$	$4<w<5$	$5<w<8$	$0<w<8$
SC_{en}	0.424	0.974	1.647	2.511	2.965	4.621	1.363
SC_{Qin}	1.545	1.705	1.837	3.389	5.072	9.339	2.509

2.2.2.7 基于 SURFRAD 实测数据的地表温度精度验证

SURFRAD（Surface Radiation Budget Network）提供连续的、高质量的地表热辐射测量数据用于支持卫星系统验证、现代气候、天气和水文等研究。目前全美已经建立 7 个 SURFRAD 站点，其中 4 个于 1995 年开始采集数据，2 个建立于 2000 年，2003 年又新增了 1 个站点。SURFRAD 站点采集上行热辐射和下行热辐射以及气象参数，通过反解斯特藩-玻尔兹曼定律，地表温度可以用公式计算：

$$T_{s}=\left[\frac{F^{\uparrow}-(1-\varepsilon_{b})F^{\downarrow}}{\varepsilon_{b}\sigma}\right]^{\frac{1}{4}} \tag{2-100}$$

式中，$F^{\uparrow}$ 和 $F^{\downarrow}$ 分别表示上行热辐射和下行热辐射；ε_{b} 表示全波谱比辐射率；σ 表示斯特藩-玻尔兹曼常数 $[\sigma=5.67\times10^{-8}\,W/(m^{2}\cdot K^{4})]$。全波谱比辐射率 ε_{b} 可以利用窄波谱比辐射率计算得到

$$\varepsilon_{b}=0.2122\varepsilon_{29}+0.3859\varepsilon_{30}+0.4029\varepsilon_{31} \tag{2-101}$$

式中，ε_{29}、ε_{30} 和 ε_{31} 分别表示 MODIS 第 29 波段、第 30 波段和第 31 波段的地表比辐射率。

大气水汽含量由气象参数计算得到

$$w=0.098\times RH\times(1.0007+3.46\times10^{-6}\times P)\times6.1121\times\exp\left(\frac{17.502T_{0}}{240.97+T_{0}}\right) \tag{2-102}$$

式中，T_{0}、P 和 RH 分别表示气象实测的近地表气温、气压和相对湿度。

选择了 4 个 SURFRAD 站点来验证普适性单通道算法和增强单通道算法的地表温度反演精度，选用 27 景不同季节、无云、高质量的 Landsat 影像来反演地表温度，与 Landsat 影像时空匹配得到的 SURFRAD 实测数据作为验证的参考数据，验证结果如表 2-12 和图 2-19 所示。从图 2-19 中可以看出，两种算法的地表温度对都分布在 1∶1 线附近，表明两种算法都获得了好的、稳定的地表温度反演精度。表 2-12 表明，普适性单通道算法反演的地表温度与 SURFRAD 站点地表温度之差在-3.51 ~ 0.79K，大部分差小于 0，表明普适性单通道算法反演的地表温度低于实际地表温度。增强单通道算法反演的地表温度与实际地表温度之差在-1.63 ~ 1.94K，分布在 0 的两侧。基于 27 个实测站点数据的验证结果表明普适

性单通道算法的 RMSE 为 1.49K，增强单通道算法的 RMSE 为 1.04K，增强单通道算法的精度比普适性单通道算法高 0.45K。

表 2-12　普适性单通道算法和增强单通道算法反演的地表温度与 SURFRAD 站点实测地表温度 $T_{\text{in-situ}}$ 之间的比较

SURFRAD 站点	卫星	日期	$w/(\text{g/cm}^2)$	$T_{\text{in-situ}}$/K	$T_{\text{J\&S}}$/K	T_{en}/K	$\Delta T_{\text{J\&S}}$/K	ΔT_{en}/K
Bondville, IL (40.05°N, 88.37°W) 农田	L5	2000260	0.91	293.48	293.11	294.38	−0.36	0.91
	L5	2005049	0.22	275.98	274.59	275.77	−1.39	−0.21
	L7	2003036	0.21	272.18	272.97	274.12	0.79	1.94
	L7	2002337	0.16	272.56	272.3	273.57	−0.27	1.01
	L8	2013311	0.52	283.08	282.3	283.6	−0.78	0.52
	L8	2014298	1.48	293.95	293.28	294.86	−0.67	0.91
Fort Peck, MT (48.31°N, 105.10°W) 草地	L5	2001106	0.19	287.04	285.25	285.95	−1.79	−1.09
	L5	2005245	0.84	306.11	304.9	306.66	−1.21	0.55
	L5	2010307	0.42	286.65	284.29	285	−2.36	−1.65
	L7	2001114	0.42	302.11	302.48	303.22	0.37	1.1
	L7	2002101	0.83	295.85	296.42	297.67	0.57	1.82
	L8	2013315	0.2	271.14	271.47	272.72	0.33	1.59
	L8	2014286	0.62	295.46	295.43	296.84	−0.03	1.38
Goodwin Creek, MS (34.25°N, 89.87°W) 常绿针叶林	L5	2000260	0.79	303.83	301.1	302.54	−2.73	−1.29
	L5	2005273	1.13	301.5	299.75	301.15	−1.75	−0.35
	L5	2010335	0.43	284.03	282.82	283.72	−1.21	−0.32
	L7	2000284	0.49	300.61	299.97	300.97	−0.64	0.35
	L7	2000332	0.73	290.11	289.77	290.6	−0.34	0.5
	L7	2001254	1.9	304.06	301.56	302.49	−2.5	−1.57
	L8	2013119	0.95	303.89	301.7	303.13	−2.19	−0.75
	L8	2013359	0.4	281.22	280.1	281.51	−1.12	0.29
	L8	2015237	1.2	303.55	302.51	303.88	−1.04	0.32
Sioux Falls, SD (43.73°N, 96.62°W) 农田	L5	2003182	2.04	305.41	301.89	303.78	−3.51	−1.63
	L5	2006062	0.37	279.78	279.32	280.16	−0.46	0.38
	L5	2010153	0.87	299.27	297	298.5	−2.27	−0.77
	L8	2013305	0.74	286.06	284.84	286.17	−1.22	0.11
	L8	2014308	0.61	285.6	285.11	286.4	−0.49	0.81
RMSE/K	—	—	—	—	—	—	1.49	1.04

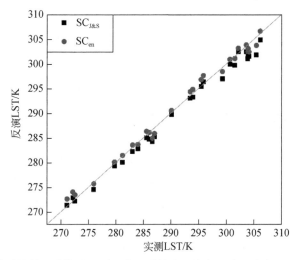

图 2-19 普适性单通道算法和增强单通道算法反演的地表温度与 SURFRAD 站点
实测地表温度之间的关系

2.2.2.8 基于实测数据的地表温度验证

（1）Sobrino 等的实测地表温度数据集

利用 Sobrino 等（2004）的实测地表温度数据集对本节提出的增强单通道算法进行精度验证，并与普适性单通道算法（$SC_{J\&S}$）和单窗算法（SC_{Qin}）进行精度比较。该数据集中提供了 Landsat 5 TM 第 6 通道的星上亮度温度（T_6）、地表比辐射率（ε）、大气水汽含量和实测地表温度（T_s）。从表 2-13 中可以看出，SC_{Qin}、$SC_{J\&S}$ 和 SC_{en} 的 RMSE 分别为 2.41K、1.31K 和 0.19K。

表 2-13　利用 Sobrino 等的实测地表温度数据集对三个算法的精度验证

样地类型	T_6/K	ε	T_s/K	T_s-T_{Qin}/K	$T_s-T_{J\&S}$/K	T_s-T_{en}/K
红色土壤	307.81	0.974	313.66	-2.43	-1.29	0.1
轻质土	306.24	0.948	313.48	-2.19	-1.50	0.35
棕壤	307.72	0.962	314.35	-2.36	-1.37	0.19
藤本植物	306.98	0.990	311.63	-2.48	-1.23	0.03
混合土壤	308.53	0.967	314.99	-2.43	-1.32	0.13
黏性土	308.24	0.966	314.70	-2.41	-1.33	0.15
林地	302.60	0.984	306.74	-2.52	-1.09	0.23
偏差	—	—	—	-2.40	-1.30	0.17

续表

样地类型	T_6/K	ε	T_s/K	$T_s-T_{\text{Qin}}/\text{K}$	$T_s-T_{\text{J\&S}}/\text{K}$	$T_s-T_{\text{en}}/\text{K}$
标准差	—	—	—	0.11	0.13	0.09
RMSE	—	—	—	2.41	1.31	0.19

注：T_{Qin}、$T_{\text{J\&S}}$、T_{en}分别表示单窗算法、普适性单通道算法和增强单通道算法的地表温度反演结果

（2）北京怀柔野外实测地表温度数据集

于 2015 年 9 月 7 日在北京市怀柔区怀柔水库开展野外地表温度测量实验。当天野外测量试验区域气象条件良好，能见度较高，研究区域大气水汽含量在 1.5g/cm^2 左右。利用 FLUKE MAX+仪器在卫星过境前后测量真实地表温度，用于地表温度反演结果的真实性检验。选择了均质地表作为测量对象，包括水体和草地。本次测量实验选择了 16 个测量样点，其中包括 13 个水体实测点和 3 个草地实测点。每个实测点测量 6~8 次地表温度值，去掉最大和最小地表温度值，然后取平均代表该样点的实测地表温度。

表 2-14 表示基于普适性单通道算法反演的地表温度和增强单通道算法反演的地表温度与真实地表温度的比较。利用实测地表温度的精度验证结果表明，普适性单通道算法的最小和最大误差绝对值分别为 0 和 2.84K，总体的 RMSE 为 1.47K；增强单通道算法的最小和最大误差绝对值分别为 0.14K 和 2.28K，总体的 RMSE 为 1.02K。

表 2-14　基于普适性单通道算法反演的地表温度（LST_GSC）和增强单通道算法反演的地表温度（LST_ESC）与真实地表温度的比较

点号	纬度	经度	高程/m	测量对象	实测温度/K	LST_GSC/K	LST_ESC/K	LST 误差GSC/K	LST 误差ESC/K
1	40.3124°N	116.6160°E	49.50	水体	297.91	296.32	298.05	−1.59	0.14
2	40.3117°N	116.6155°E	50.50	水体	297.83	296.40	298.13	−1.43	0.30
3	40.3103°N	116.6142°E	50.90	水体	296.00	296.55	298.28	0.54	2.28
4	40.3099°N	116.6127°E	50.30	水体	296.43	296.43	298.16	0.00	1.73
5	40.3097°N	116.6112°E	49.40	水体	296.53	296.48	298.21	−0.05	1.68
6	40.3091°N	116.6091°E	51.30	水体	297.27	296.46	298.20	−0.80	0.93
7	40.3091°N	116.6082°E	48.50	水体	297.59	296.38	298.11	−1.21	0.52
8	40.3093°N	116.6072°E	47.60	水体	297.35	296.34	298.07	−1.00	0.72
9	40.3097°N	116.6063°E	48.20	水体	297.81	296.39	298.12	−1.42	0.30
10	40.3101°N	116.6053°E	51.00	水体	297.55	296.47	298.20	−1.08	0.65
11	40.3106°N	116.6039°E	48.50	水体	297.26	296.52	298.25	−0.74	0.99

点号	纬度	经度	高程/m	测量对象	实测温度/K	LST_GSC/K	LST_ESC/K	LST 误差GSC/K	LST 误差ESC/K
12	40.3113°N	116.6004°E	44.30	水体	297.51	296.56	298.29	-0.95	0.78
13	40.3123°N	116.5977°E	48.10	水体	297.98	296.48	298.21	-1.50	0.23
14	40.3782°N	116.6477°E	97.60	草地	303.19	300.36	302.15	-2.84	-1.04
15	40.3783°N	116.6477°E	96.30	草地	302.82	300.33	302.13	-2.50	-0.70
16	40.3786°N	116.6479°E	93.10	草地	302.48	300.11	301.91	-2.36	-0.57
RMSE	—				—	—	—	1.47	1.02

2.3 遥感数据即得即用（RTU）产品体系

2.3.1 遥感数据即得即用（RTU）产品

前已述及，数据标准化处理是遥感数据工程建设的重要内容，在前述的几何标准化和辐射归一化算法的基础上，进一步开发了大区域镶嵌产品和指数产品，如全球一张图、全国一张图以及归一化植被差值指数（NDVI）、增强植被指数（EVI）、土壤调节植被指数（SAVI）、改进的土壤调节植被指数（MSAVI）、归一化水体差值指数（NDWI）、归一化水分差值指数（NDMI）、归一化燃烧指数（NBR），这些产品目前构成 RTU 产品的基本内容，它们按网格化进行剖分和管理，为后续的遥感数据的智能实现提供基础。RTU 产品名称及缩写如表 2-15 所示。

表 2-15　RTU 产品名称缩略表

中文	英文	缩写
正射影像	Digital Orthophoto Map	DOM
全球一张图	Globe Map	GlobeM
全国一张图	China Map	ChinaM
区域影像图	Regional Name Image Map	区域缩写+M
星上反射率	Top of Atmosphere Reflectance	TOA
地表反射率	Land Surface Reflectance	LSR
星上亮度温度	Top of Atmosphere Brightness Temperature	BT

中文	英文	缩写
地表温度	Land Surface Temperature	LST
归一化差值植被指数	Normalized Difference Vegetation Index	NDVI
增强植被指数	Enhanced Vegetation Index	EVI
土壤调节植被指数	Soil Adjusted Vegetation Index	SAVI
修正的土壤调节植被指数	Modified Soil Adjusted Vegetation Index	MSAVI
归一化燃烧指数	Normalized Burnt Ratio	NBR
归一化差值水体指数	Normalized Difference Water Index	NDWI
归一化差值水分指数	Normalized Difference Moisture Index	NDMI
像元质量标识	Pixel Quality Attribute	QA

（1）正射影像产品

通过控制点库或参考影像获取高精度地面控制点，并采用严格成像几何模型或有理函数模型（RPC模型），在数字高程模型（DEM）数据的辅助下进行正射影像产品制作。对用于制作区域影像图的数据，则除采用高精度地面控制点外，还建议通过区域网平差的方法进一步提高影像间的接边精度。

常见卫星正射影像几何精度要求如下。

1）250m分辨率以上：如MODIS卫星数据等，几何定位均方根误差小于150m。

2）50～120m分辨率：如"高分四号""珞珈一号"卫星数据等，几何定位均方根误差小于100m。

3）10～30m分辨率：如Landsat系列、Sentinel系列、"高分一号"宽幅卫星数据等，几何定位均方根误差小于12m。

4）8m分辨率以下：如国产高分系列、资源系列卫星数据等，几何定位均方根误差小于10m。

（2）区域影像地图

通过整体匀色和镶嵌线优选，将某区域的多张正射影像产品按照一定的投影方式进行拼接，去掉重叠影像后镶嵌成的整幅影像图。要求用于制作区域影像图的正射影像产品的影像层次清晰、色调均匀、反差适中、便于使用；同时，镶嵌接缝处应保持地物色彩和几何特征的自然过渡。例如，DATABANK中的"全球一张图"（图2-20）、"全国一张图"、"一带一路影像图"，以及分省影像图等。

对于区域影像地图制作而言，基础影像的绝对几何定位精度满足正射影像产品的几何精度要求，同时要求影像间的接边误差小于2个像元。

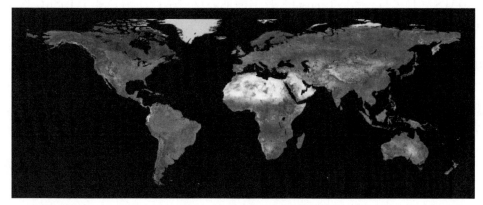

图 2-20　全球一张图示例

（3）星上反射率产品

星上反射率通常与大气顶层进入卫星传感器的光谱辐射亮度、日地间距离、大气顶层的平均太阳光谱辐照度，以及太阳的天顶角有关。

Landsat 5/7 的星上反射率反演方法见式（2-103）。

$$\rho = \frac{\pi L_\lambda d^2}{E_0 \cos\theta_z} \tag{2-103}$$

式中，ρ 为星上反射率；d 为日地距离；θ_z 为太阳天顶角［单位为（°），与头文件中给出的太阳高度角互为余角］；E_0 为大气层外相应波长的太阳光谱辐照度；L_λ 为光谱辐射亮度［w/(m^2·μmsr)］，是利用定标系数进行线性计算得到的。

Landsat 8 的星上反射率计算方法见式（2-104）。

$$\rho = \frac{M_\rho \times \mathrm{DN} + A_\rho}{\cos\theta_z} \tag{2-104}$$

式中，M_ρ 和 A_ρ 可从元数据文件中获取，分别为波段的增益和偏置，$M_\rho =$ REFLECTANCE_MULT_BAND_x，$A_\rho =$ REFLECTANCE_ADD_BAND_x；DN 表示原始影像的灰度值。

（4）地表反射率产品

根据卫星传感器参数特点，利用 6S 模型辐射传输模型逐像元的方式进行大气校正，其中 6S 模型需要的大气参数采用 NCEP 再分析资料或者与卫星过境时间同步的 MODIS 大气参数产品（大气水蒸气含量、气溶胶光学厚度、臭氧含量等），若缺少气溶胶光学厚度数据，则通过暗目标法反演得到。考虑到与国际上发布的地表反射率产品的一致性，本节采用 NASA/GSFC 和马里兰大学发布的 LEDAPS 和 LaSRC 地表反射率算法（详见 2.2.1 节）进行中国区域的地表反射率产品生产。Landsat 5/7 数据的地表反射率产品的生产算法与

LEDAPS 处理系统一致，Landsat 8 数据的地表反射率产品则是基于 LaSRC 程序进行生产的。Feng 等（2012）将 LEDAPS 系统生产的全球 2000 年和 2005 年的 Landsat 5/7 地表反射率产品分别与相应的 MODIS 地表反射率产品进行比较分析。结果表明，Landsat 5 TM 的均方根差（RMSD）为 2.2% ~ 3.5%，Landsat 7 ETM+的均方根差为 1.3% ~ 2.8%。Peng 等（2016）利用 2014 年 6 月 11 日获取的南京地区的实测光谱数据对 Landsat 8 数据地表反射率产品进行验证，结果显示其地表反射率产品的 RMSD 为 3% ~ 5%。

（5）星上亮度温度产品

星上亮度温度是指大气顶层的亮度温度，根据光谱辐射亮度以及热常数（K_1，K_2）反演得到，见式（2-105）。星上亮温只是消除了传感器内部的误差，并没有消除大气方面等外部的影响。

$$T = K_2 / \ln(1 + K_1 / L_\lambda) \tag{2-105}$$

式中，L_λ 为光谱辐射亮度 $[W/(m^2 \mu msr)]$，是利用定标系数进行线性计算得到的。K_1，K_2 可从元数据文件中获取。

（6）地表温度产品

地表温度产品是采用通用普适性单通道算法（详见 2.2.2 节）进行反演的，该算法仅需要一个外源输入参数，即总大气水汽含量，使用较方便。Landsat 5/7 反演地表温度产品所需要的水汽数据来自 NCEP（NOAA National Centers for Environmental Prediction）再分析数据，分辨率为 2.5°×2.5°。Landsat 8 反演地表温度产品所需要的水汽数据来自 0.05°空间分辨率的 MODIS 09 CMA（MODIS surface reflectance climate modeling grid）数据。2009 年 Jiménez-Muñoz 等对该算法进行了深入的验证。验证结果表明，当大气水汽含量在 0.5 ~ 2g/cm² 的情况下，地表温度反演精度在 1 ~ 2K（Jiménez-Muñoz et al.，2009）。

（7）归一化差值植被指数产品 NDVI

由于植被在近红外波段处有较强的反射，其反射率值较高，而在红波段处有较强的吸收，反射率值较低，因此归一化差值植被指数（NDVI）通过计算近红外波段和红波段之间的差异来定量化植被的生长状况（Deering，1978）。该指数可反映植被的健康情况及植被的长势，其计算简单、指示性好，被广泛应用于农业、林业、生态环境等领域，同时也是生态物理参数反演的重要输入参数，是目前应用最广泛的植被指数之一。计算公式如式（2-106）所示。

$$NDVI = \frac{\rho_n - \rho_r}{\rho_n + \rho_r} \tag{2-106}$$

式中，ρ_n 为近红外波段地表反射率；ρ_r 为红波段地表反射率。

（8）增强植被指数产品 EVI

由于 NDVI 容易受土壤背景和大气的干扰，因此为了减少这些干扰，Liu 和

Huete（1995）提出了增强植被指数（EVI），在 NDVI 的基础上引入了背景调节参数 C_1、C_2 和大气修正参数 L，因此 EVI 相比于 NDVI 具有较强的抗大气干扰能力以及抗噪声能力，更适用于气溶胶含量较高的天气状况下，以及植被茂盛区。计算公式如式（2-107）所示。

$$EVI = G \frac{\rho_n - \rho_r}{\rho_n + C_1 \rho_r - C_2 \rho_b + L} \qquad (2\text{-}107)$$

式中，ρ_b 为蓝波段地表反射率；ρ_n 为近红外波段地表反射率；ρ_r 为红波段地表反射率；$G = 2.5$；$C_1 = 6$；$C_2 = 7.5$；$L = 1$。

（9）土壤调节植被指数产品 SAVI 和改进的土壤调节植被指数产品 MSAVI

植被稀疏区域，土壤暴露，会影响红波段和近红外波段的反射率值，从而影响 NDVI 的估算结果。为了消除土壤背景的影响，Huete（1988）提出了土壤调节植被指数（SAVI），在 NDVI 的基础上加入土壤调节因子 S。研究表明，当 $S = 0.5$ 时能最大限度地消除土壤背景的影响。该指数在植被稀疏区域较稳定，而在植被覆盖茂盛区域不敏感。其计算公式如式（2-108）所示。

$$SAVI = \frac{\rho_n - \rho_r}{\rho_n + \rho_r + L}(1 + L) \qquad (2\text{-}108)$$

式中，ρ_r 为红波段地表反射率；ρ_n 为近红外波段地表反射率；L 为土壤调节因子，$L = 0.5$。

SAVI 比较适用于低植被覆盖区，而且只有在知道该区域是属于低植被覆盖区的情况下才能使用 SAVI 来反映植被的生长状况与结构，那么在对区域的植被覆盖情况未知的情况下，Qi 等（1994）提出了改进的土壤调节植被指数（MSAVI），将 SAVI 的调节因子 S 改为变量，随着植被的覆盖情况而变化，从而达到动态消除土壤的影响。MSAVI 在植被稀疏区域表现不敏感，随着植被覆盖度的增加，MSAVI 效果表现较好。计算公式如式（2-109）所示。

$$MSAVI = \frac{2\rho_n + 1 - \sqrt{(2\rho_n + 1)^2 - 8(\rho_n - \rho_r)}}{2} \qquad (2\text{-}109)$$

（10）归一化差值水体指数产品 NDWI

McFeeters（1996）根据水体与其他地物的光谱响应的差异提出了归一化差值水体指数（NDWI），即利用绿波段和近红外波段的差异比值来增强水体信息，并减弱植被、土壤、建筑物等地物的信息。该指数便于地表水体信息有效提取，广泛应用于水资源、水文以及林农业等领域。计算公式如式（2-110）所示。

$$NDWI = \frac{\rho_g - \rho_n}{\rho_g + \rho_n} \qquad (2\text{-}110)$$

式中，ρ_g 为绿波段地表反射率；ρ_n 为近红外波段地表反射率。

（11）归一化燃烧指数产品 NBR

归一化燃烧指数 1（NBR1）通过计算近红外波段和短波红外波段的比值来增强火烧迹地的特征信息，因此常被用于火烧迹地信息提取以及监测火烧区域植被的恢复状况。计算公式如式（2-111）所示。

$$NBR1 = \frac{\rho_n - \rho_{swir2}}{\rho_n + \rho_{swir2}} \tag{2-111}$$

式中，ρ_n 为近红外波段地表反射率；ρ_{swir2} 为短波红外 2 波段地表反射率。

归一化燃烧指数 2（NBR 2）也是一种能够有效提取火烧迹地信息的遥感指数，与 NBR1 的不同在于将式（2-111）中的近红外波段替换为了短波红外 1 波段，具体计算公式如式（2-112）所示。

$$NBR2 = \frac{\rho_{swir1} - \rho_{swir2}}{\rho_{swir1} + \rho_{swir2}} \tag{2-112}$$

式中，ρ_{swirl} 为短波红外 1 波段地表反射率；ρ_{swir2} 为短波红外 2 波段地表反射率。

（12）归一化差值水分指数产品 NDMI

归一化差值水分指数（NDMI）由 Hardisky 等（1983）提出，通过计算近红外与短波红外之间的差异来定量化反映植被冠层的水分含量情况。在卫星遥感数据中，由于植被在短波红外波段对水分的强吸收，植被在短波红外波段的反射率相对于近红外波段的反射率要小，因此 NDMI 与冠层水分含量高度相关，可以用来估计植被水分含量，而且 NDMI 与地表温度之间存在较强的相关性，因此也常用于分析地表温度的变化情况。计算公式如式（2-113）所示。

$$NDMI = \frac{\rho_n - \rho_{swirl}}{\rho_n + \rho_{swirl}} \tag{2-113}$$

式中，ρ_n 为近红外波段地表反射率；ρ_{swirl} 为短波红外 1 波段地表反射率。

2.3.2　RTU 产品标准规范

2.3.2.1　RTU 产品元数据

元数据（metadata）：关于数据的数据。包含数据的标识、覆盖范围、质量、空间和时间模式、空间参照系和分发等信息。

RTU 产品元数据文件的结构和内容如下。

元数据的组成和结构采用统一建模语言（UML）描述。元数据由一个或多个元数据子集构成，后者包含一个或多个元数据实体。采用 UML 描述元数据子集、元数据实体和元数据元素之间的关系。用 UML 中的包表示元数据子集，类表示元数据实体，属性表示元数据元素。元数据文件类型为 XML。元数据文件的数据标志为 Metadata。

RTU 产品元数据包（图 2-21）分为两类，即第一类是全局元数据包（图 2-22），第二类是分波段元数据包（图 2-23）。全局元数据包括数据提供者、卫星名称、传感器名称、数据获取日期、景中心时间、整幅影像的云量、影像中陆地部分的云量、太阳天顶角和方位角、日地距离、卫星轨道号、辐射定标系数/热波段常数（对于遥感指数产品，该项无）、影像经纬度范围、投影信息和卫星侧视角，未来的 RTU 产品可根据需要对全局元数据包进行扩充。分波段元数据包则是对各波段数据文件及质量标识文件元数据的描述，包括像元质量标识元数据（Pixel QA Metadata）、RTU 产品各波段数据文件元数据、气溶胶光学厚度质量标识元数据（LSR-AEROSOL Metadata）和辐射饱和度质量标识元数据（Radiometric Saturation QA Metadata），未来的 RTU 产品可根据需要对分波段元数据包进行扩充。

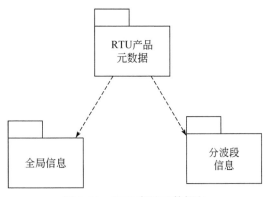

图 2-21　RTU 产品元数据包

像元质量标识元数据包括的元数据元素有文件名、像元大小、重采样方法、数据单位、位图说明、软件版本和生产日期。

各波段数据文件元数据包括的元数据元素有文件名、像元大小、重采样方法、数据单位（对于遥感指数产品，则该项无，另增加了完整名称项）、有效值范围、软件版本和生产日期。

气溶胶光学厚度是地表反射率反演的一个关键输入参数，气溶胶光学厚度反演的质量在很大程度上影响着最终地表反射率反演的精度，因此在地表反射率产品元数据中加入了气溶胶光学厚度质量标识元数据。气溶胶光学厚度质量标识元数据和辐射饱和度质量标识元数据的元数据元素相同，即文件名、像元大小、重采样方法、数据单位、有效值范围、位图说明、软件版本和生产日期。

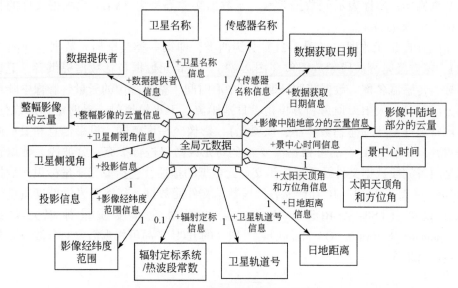

图 2-22　全局元数据包的类关系

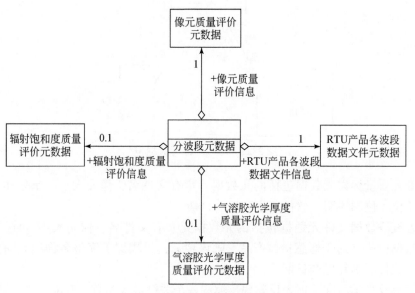

图 2-23　分波段元数据包的类关系

以地表反射率产品（LSR）为例说明其包含的结构和内容。表 2-16 给出 RTU 产品元数据文件的内容和释义如下。

● 全局元数据项（Global Metadata）（数据提供者、卫星名称、传感器名称、数据获取日期、景中心时间、整幅影像的云量、影像中陆地部分的云量、太阳天顶角和方位角、日地距离、卫星轨道号、辐射定标系数、影像经纬度范围、投影信息、卫星侧视角）。

- 波段元数据项（Bands Metadata）。
  - ◆ Pixel QA Metadata（文件名、像元大小、重采样方法、数据单位、位图说明、软件版本、生产日期）。
  - ◆ Land Surface Reflectance per band Metadata（文件名、像元大小、重采样方法、数据单位、有效值范围、软件版本、生产日期）。
  - ◆ LSR-AEROSOL Metadata（文件名、像元大小、重采样方法、数据单位、有效值范围、位图说明、软件版本、生产日期）。

表 2-16 RTU 产品元数据文件的内容和释义

名称	域	说明
global_metadata	N/A	全局元数据信息
data_provider	CAS/RADI	数据提供者
satellite	LANDSAT_X（X = 5，7，8），GF，ZY3	卫星信息
instrument		卫星传感器信息
acquisition_date	YYYY-MM-DD	卫星数据采集时间
scene_center_time	02：41：19.0610130Z	景中心数据采集的 UTC 时间信息
cloud_cover	百分数，0.00~100.00	整幅影像的云量
cloud_cover_land		影像中陆地部分的云量
solar_angles units	degrees	太阳角度单位
zenith		天顶角
azimuth		方位角
earth_sun_distance		日地距离
wrs row，path		Worldwide Reference System（WRS）轨道号信息
top_of_atmosphere_radiometric_rescaling	N/A	计算星上辐射亮度时使用的辐射变换系数（增益和偏置）
radiance_mult		增益
radiance_add		偏置
THERMAL_CONSTANTS	N/A	热红外波段相关常数信息的 Heading
K1_CONSTANT_BAND_X		热红外波段 X 的 K1 值

名称	域	说明
K2_CONSTANT_BAND_X		热红外波段 X 的 K2 值
corner location	west，east（degrees；−180 to 180） south，north（degrees；−90 to 90）	影像四个角点的经纬度
projection_informmation	N/A	描述投影信息的 Heading
units	meters	投影系统的单位
datum	WGS84	坐标系类型
projection	UTM	投影类型
corner_point location	（Variable）	左上（UL）和右下（LR）角点的坐标
grid_origin	CENTER	像素点原点信息，通常是 CENTER
utm_proj_params	N/A	UTM 投影信息的 Heading
zone_code		投影带号
orientation_angle		卫星侧视角
bands	N/A	描述所有波段信息的 Heading
band	N/A	分别描述每一个波段信息的 Heading
fill_value		填充值
nsamps		波段数据的列数
nlines		波段数据的行数
data_type	UINT8，UINT16	波段的数据类型
category	image，qa	数据种类
name		波段名
PIXEL-QA		像元质量标识文件，不同数位表示的含义如下：0 表示填充（fill），1 表示晴空（clear），2 表示水体（water），3 表示云阴影（cloud shadow），4 表示雪（snow），5 表示云（cloud），6 和 7 表示云置信度（cloud confidence），8 和 9 表示卷云置信度（cirrus confidence），10 表示地形遮挡（terrain occlusion）

续表

名称	域	说明
bitmap_description	N/A	描述 bitmap 信息的 Heading
bit num		针对 QA 波段的数位的描述
file_name		波段文件名的全称
pixel_size		影像的分辨率
resample_method		重采样方法
data_units		数据的单位
app_version		RTU 产品生产的软件名及版本
production_date		RTU 产品的生产时间
product	TOA _ reflectance, TOA _ brightness temperature, land_surface_reflectance, land _ surface _ temperature, spectral _ indices region_mosaic_map	RTU 产品类型
saturate_value	20 000	亮度饱和值
add_offset		各波段像素值进行转换时的偏置
scale_factor		各波段像素值进行转换时的增益
long_name		产品全称，只针对光谱指数产品
Cloud-QA		Landsat 5/7 地表反射率产品中反演气溶胶光学厚度时的质量标识文件，不同数位表示的含义如下：0 表示 DDV（dense dark vegetation，浓密植被），即该像素对应 DDV，数据质量为优；1 表示云（cloud）；2 表示云阴影（cloud shadow）；3 表示云边界（adjacent to cloud）；4 表示雪（snow）；5 表示陆地或者水体（land/water）
LSR-AEROSOL		Landsat 8 地表反射率产品中反演气溶胶光学厚度时的质量标识文件，不同数位表示的含义如下：0 表示填充值；1 表示气溶胶光学厚度反演的有效值（N×N 窗口的中心像元）；2 表示水体像元；3 表示云或者卷云；4 表示云阴影；5 表示非窗口中心像素，气溶胶光学厚度值由临近的 N×N 中心像素插值得到

名称	域	说明
RADSAT-QA		表示像素的辐射饱和度，0 表示有效值，1 表示饱和值
valid_range		有效值的范围
date_range	YYYY-MM-DD：YYYY-MM-DD	镶嵌图像中图像的时间范围，前面的 YYYY-MM-DD 表示镶嵌图像中所用到的单景图像的开始日期，后面的 YYYY-MM-DD 表示镶嵌图像中所用到的单景图像的结束日期

2.3.2.2 遥感数据即得即用（RTU）地理格网产品规范

遥感影像是一种平面栅格数据，以一定的地图投影方式反映地球表面的表象。常规的标准遥感影像分幅产品是以一定的规则按照景来分幅的，不同的卫星影像，景的分幅和编码规则不同。遥感影像的景没有完全与地球上的地理坐标对应。为了使长时序影像更容易查询、分析和管理，本节提出遥感影像即得即用（RTU）地理格网产品，即将全球影像按照定义的格网系统剖分为具有统一规则和属性的数据格网。规定了遥感影像按照经纬坐标格网和直角坐标格网的分幅与编码方法和 RTU 地理格网产品规范，适用于不同空间分辨率的遥感影像按照不同投影地理格网的分幅与编码和 RTU 地理格网产品的生产。RTU 地理格网产品具有使用灵活、格网编码与空间地理坐标相一致，可以按照空间维和时间维建立数据立方体，形成空间和时间上的连续产品，便于用户直接进行空间分析和应用。本规范为遥感影像共享和遥感信息整合提供以地理格网为单元的空间参照，可用于长时序、不同空间分辨率的遥感影像的综合分析和应用。

本标准规定了多种地图投影的遥感影像的地理格网的划分与编码方法和 RTU 地理格网产品规范，适用于遥感影像产品的地理格网分幅与编码，为遥感影像共享和遥感信息整合提供以格网为单元的空间参照，并可用于遥感影像地理格网产品生产。

（1）术语与定义

1）格网（grid）。由两组或多组曲线集组成的网络，曲线集合中的曲线按某种算法相交（曲线集把空间分割成格网单元，ISO 19123：2005）。

2）格网单元（grid cell）。构成格网系统中某级格网的基本单位（GB/T 12409：2009）。

3）地理格网（geographic grid）。按照一定的数学规则对地球表面进行划分而形成的格网（GB/T 12409：2009）。

4）经纬坐标格网（geographical graticule）。按一定经纬度间隔对地球表面进行划分而形成的格网（GB/T 12409：2009）。

5）直角坐标格网（rectangular grid）。将地球表面区域按数学法则投影到平面上，按一定的纵横坐标间距和统一的坐标原点对地表区域进行划分而构成的格网（GB/T 12409：2009）。

6）格网编码（grid encoding）。按照一定规则，赋予格网单元唯一标识代码的过程（GB/T 12409：2009）。

7）即得即用产品（ready to use product，RTU）。按一定的标准处理的，便于用户直接分析和应用的一系列高级遥感数据产品。

8）数据格网（tile）。具体影像数据的剖分格网。

9）RTU 地理格网产品（RTU geogrid product）。按照一定空间基准和地理格网对遥感数据进行分幅和编码，形成具有统一规则和属性的系列遥感即得即用格网产品。这类产品可直接组成时空数据立方体，便于多源、多尺度、长时序遥感数据的高效存取和时空分析。

10）质量标识（quality attribute，QA）。随数据产品一起提供的数据质量标识信息，以波段的形式存在。可用于确定产品的每个像素是否适合某种用途或应用。例如，像元质量缺陷或无效像素、云、雪等标识。

（2）坐标系统及地图投影

1）坐标系。采用 2000 国家大地坐标系（CGCS2000），比例尺小于 1：10 000 的影像也可以采用 WGS-84 坐标系。

2）地图投影。小比例尺全球尺度影像建议采用经纬度坐标。平面直角坐标投影依据尺度及地面分辨率采用不同地图投影，具体建议如下。

全球尺度投影建议采用正弦曲线等面积伪圆柱投影（桑逊投影），中央经线为 0°。

中国区域尺度投影建议采用等面积割圆锥投影（阿尔伯斯投影），中央经线 105°，两条标准纬线为 25° 和 47°。

地面分辨率优于 100m 或东西跨度小于 1000km 的影像建议采用 UTM 投影。

极地区域建议采用兰伯特等积方位投影。

（3）经纬坐标格网

1）经纬坐标格网概述。经纬坐标格网面向大范围（全球或全国），适用于较概略表示信息的分布和粗略定位的应用。经纬度格网采用赤道和本初子午线的交点为原点。经纬度坐标格式按照度、分、秒格式表达。经纬坐标格网按经差、纬差分级。代码由格网间隔代码、南北半球代码、纬度代码、东西半球代码、经度代码组成。图 2-24 为全球 10°×10°经纬度格网分幅与编码示意图。

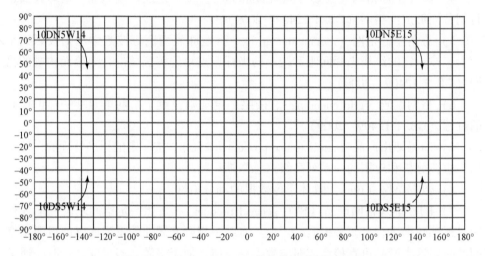

图 2-24　全球 10°×10°经纬度格网分幅与编码

2）经纬坐标格网分级。分级规则：各层级的格网间隔为整倍数关系，同级格网单元的经差、纬差间隔相同。经纬坐标格网基本分为 6 级。表 2-17 给出基本层级的格网间隔和编码方法。

表 2-17　经纬坐标格网分级

格网间隔	10°×10°	1°×1°	10′×10′	1′×1′	10″×10″	1″×1″
格网名称	十度	一度	十分	一分	十秒	一秒
格网编码	N＊E＊＊	N＊＊E＊＊＊	N＊＊＊E＊＊＊＊	N＊＊＊＊E＊＊＊＊＊	N＊＊＊＊＊E＊＊＊＊＊＊	N＊＊＊＊＊＊E＊＊＊＊＊＊＊

3）经纬坐标格网编码。经纬坐标格网编码如下。

格网间隔代码+南北半球代码+纬度代码+东西半球代码+经度代码

格网间隔代码依据表 2-17 所列的格网间隔用 2 位数字码表示，不足 2 位的在前面补 0。如格网间隔 1′时表示为 01，格网间隔 10″时，表示为 10。间隔单位代码用 D 表示以度为单位、M 表示以分为单位、S 表示以秒为单位。

南北半球代码用 1 位字母码表示，用 N 表示北半球，S 表示南半球。

纬度代码数值和长度依据表 2-17 所列的格网间隔确定，数字码为纬度值除以格网间隔值取整。如格网间隔 1° 时，纬度代码为纬度值取整；格网间隔 10′ 时，纬度代码为在 1° 代码基础上添加 10′ 的数字码，10′ 码为纬度的分除以 10 后取整，依此类推。具体公式为 int（｜纬度/格网间隔｜）。

东西半球代码用 1 位字母码表示，用 E 表示东半球，W 表示西半球。

经度代码比纬度代码多一位，编码方式与纬度代码相同，即 int（｜经度/格网间隔｜）。

例：某点位于 75°41′15″N，143°02′35″E，其

10°×10° 十度格网代码为：10DN7E14

1°×1° 一度格网代码为：01DN75E143

10′×10′ 十分格网代码为：10MN754E1430

1′×1′ 一分格网代码为：01MN7541E14302

10″×10″ 十秒格网代码为：10SN75411E143023

1″×1″ 一秒格网代码为：01SN754115E1430235

4）经纬坐标格网扩展。在一度格网基础上向更大格网间隔延伸，如二度格网、五度格网、……、N 度格网。也可按一定间隔细分格网。细分格网间隔宜与相邻基本层级的格网间隔成倍数关系。编码方法和位数与上节相同。

例：某点位于 75°41′15″N，143°02′35″E，求其五度格网、二度格网、五分格网、二秒格网的代码。

5°×5° 五度格网代码：05DN15E28

2°×2° 二度格网代码：02DN37E71

5′×5′ 五分格网代码：05MN7508E14300

2″×2″ 二秒格网代码：02SN754107E1430217

（4）平面直角坐标格网

1）平面直角坐标格网概述。直角坐标格网与所采用的地图投影密切相关，投影相同，格网的平面坐标和编码相同，投影不同，格网的平面坐标和编码不同。

正弦曲线投影格网：小比例尺全球尺度影像建议采用正弦曲线等面积伪圆柱投影（桑逊投影），原点为赤道和本初子午线的交点。格网分幅与编码示意如图 2-25 所示。

阿尔伯斯投影格网：中国区域尺度影像建议采用等面积割圆锥投影（阿尔伯斯投影），原点为赤道和 105° 中央经线交点，两条标准纬线为 25° 和 47°。格网分幅与编码示意如图 2-26 所示。

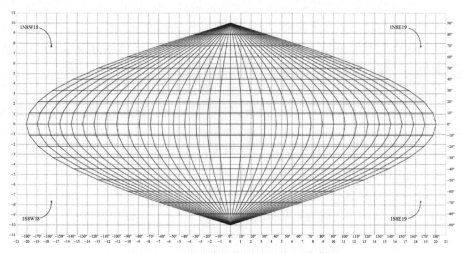

图 2-25　正弦曲线投影千公里格网示意图

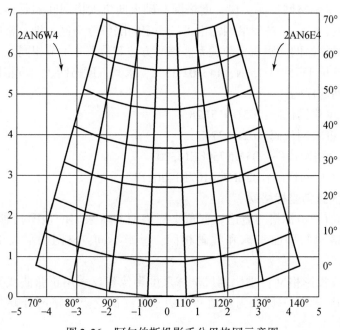

图 2-26　阿尔伯斯投影千公里格网示意图

UTM 投影格网：地面分辨率优于 100m 的影像建议采用 6°分带的 UTM 投影。格网分幅与编码示意如图 2-27 所示。

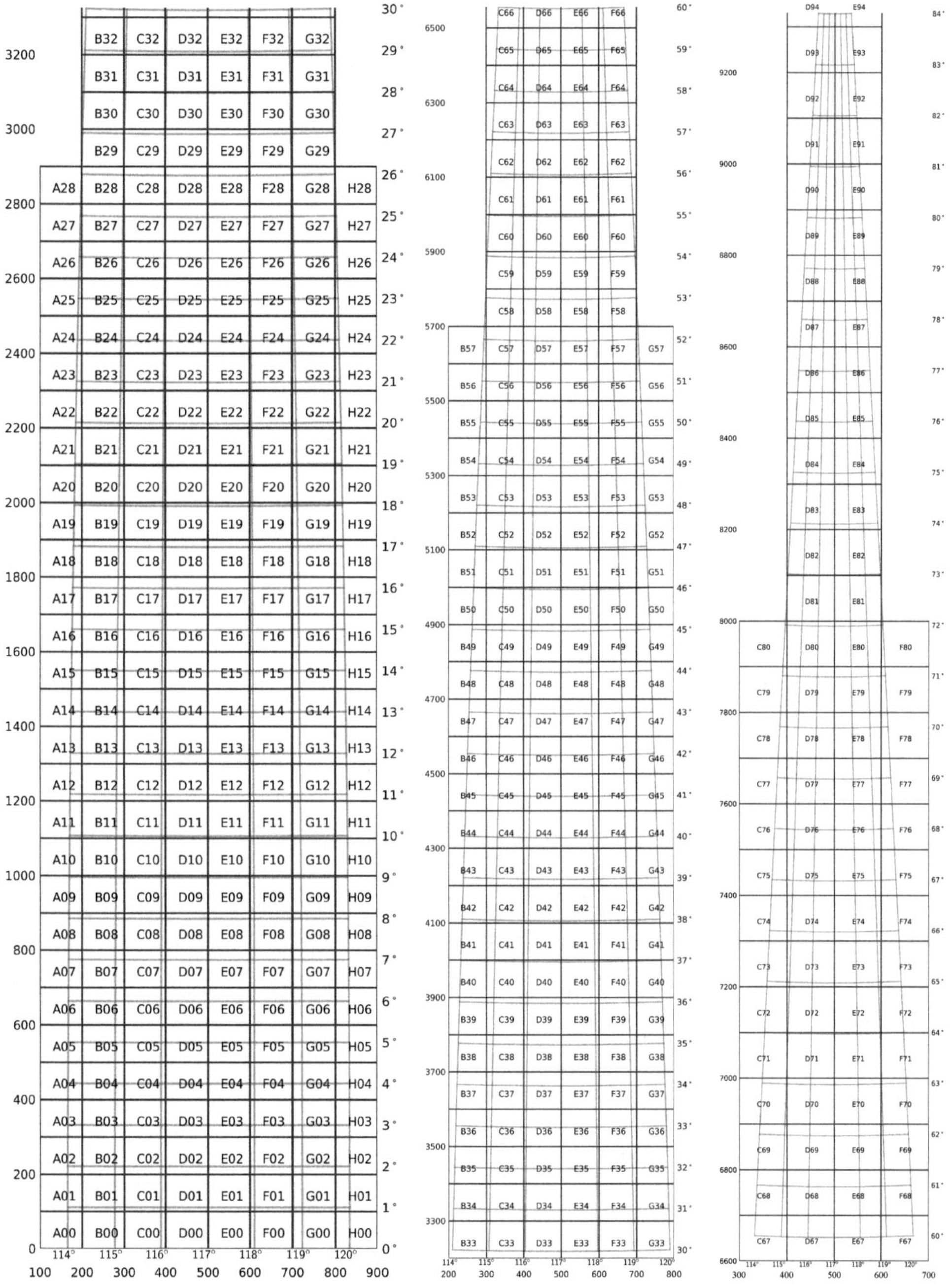

图 2-27　UTM 百公里格网示意图

兰伯特等积方位投影格网：极地区域建议采用兰伯特等积方位投影，原点为南极点或北极点。格网分幅与编码示意如图 2-28 所示。

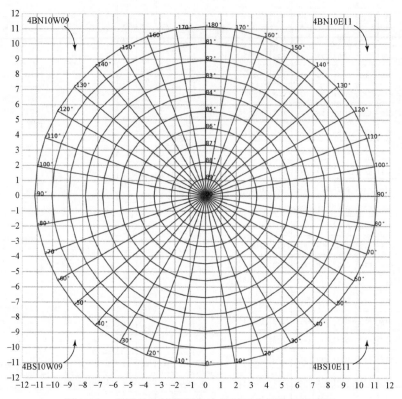

图 2-28　北极兰伯特等积方位投影百公里格网示意图

直角坐标格网代码主要由投影代码、南北半球代码、纵坐标格网代码、东西坐标代码（或投影带号代码）、横坐标格网代码组成。

2）直角坐标格网分级。分级规则：各级格网的间隔为整数倍关系，同级格网单元在 X、Y 方向的间距相等。

直角坐标格网系统根据格网单元间隔分为 6 级，以千公里格网单元为基础，按 10 倍的关系细分，如表 2-18 所示。

表 2-18　直角坐标格网系统分级

格网间隔/m	1 000 000	100 000	10 000	1 000	100	10	1
格网名称	千公里格网	百公里格网	十公里格网	公里格网	百米格网	十米格网	米格网
格网名称代码	A	B	C	D	F	G	H

3）直角坐标格网编码方法。平面直角坐标格网代码组成如下。

投影代码+南北坐标代码+纵坐标格网代码+东西坐标代码（或投影带号代码）+横坐标格网代码

投影代码为 1 位数字码。1-正弦曲线等面积伪圆柱投影（桑逊投影），2-等面积割圆锥投影（阿尔伯斯投影），3-UTM 投影，4-北极兰伯特等积方位投影，5-南极兰伯特等积方位投影。

南、北坐标代码采用 1 位字母码。原点以南坐标用"S"表示，原点以北坐标用"N"表示。

东、西坐标代码采用 1 位字母码。原点以东坐标用"E"表示，原点以西坐标用"W"表示。东西坐标代码不适用于有坐标平移的投影。

投影带号代码用于 UTM 投影，采用 2 位数字码表示。UTM 投影采用 6°分带，全球共分 60 带，投影带号代码为 01-60。

纵坐标格网代码与横坐标格网代码为选用的层级格网间隔字位数值取整。即：int（｜坐标值/间隔值｜）。具体如下：

千公里格网代码由坐标值千公里字位数值取整构成。

百公里格网代码由坐标值百公里字位数值取整构成。

十公里格网代码由坐标值十公里字位数值取整构成。

公里格网代码由坐标值一公里字位数值取整构成。

百米格网代码由坐标值百米字位数值取整构成。

十米格网代码由坐标值十米字位数值取整构成。

米格网代码由坐标值一米字位数值取整构成。

例：某点位于 39°55′N，116°30′E，其正弦曲线投影横坐标值为 9 960 467.2m，纵坐标值为 4 420 276.2m；阿尔伯斯投影（中央经线为 105°，双标准纬线为 25°、47°）横坐标值为 964 574.1m，纵坐标值为 4 346 377.1m；UTM 投影 6°分带带号为 50，横坐标值为 457 268.2m，纵坐标值为 4 418 627.7m。不同投影格网代码如表 2-19 所示。

表 2-19 直角坐标格网编码

格网名称 （编号）	千公里 格网（A）	百公里 格网（B）	十公里 格网（C）	公里格网 （D）	百米格网 （F）	十米格网 （G）	米格网 （H）
格网间隔 /m	1 000 000	100 000	10 000	1 000	100	10	1
正弦曲线 （1）	1AN4E9	1BN44E99	1CN442E996	1DN4420E9960	1FN44202E99604	1GN442027E996046	1HN4420276E9960467

格网名称 （编号）	千公里 格网（A）	百公里 格网（B）	十公里 格网（C）	公里格网 （D）	百米格网 （F）	十米格网 （G）	米格网 （H）
阿尔伯斯 （2）	—	2BN43E9	2CN434E96	2DN4346E964	2FN43463E9645	2GN434637E96457	2HN4346377E964574
UTM（3）	—	3BN44504	3CN4415045	3DN441850457	3FN44186504572	3GN4418625045726	3HN441862750457268

例：某点位于 80°30′N，116°30′E，其兰伯特等积方位投影横坐标值为948 433.8m，纵坐标值为 472 871.6m。格网代码如表 2-20 所示。

例：某点位于 80°30′S，116°30′W，其兰伯特等积方位投影横坐标值为 -948 433.8m，纵坐标值为 -472 871.6m。格网代码如表 2-20 所示。

表 2-20　极地区域坐标格网编码

格网名称 （编号）	千公里 格网（A）	百公里 格网（B）	十公里 格网（C）	公里格网 （D）	百米格网 （F）	十米格网 （G）	米格网 （H）
格网间隔 /m	1 000 000	100 000	10 000	1 000	100	10	1
北极兰 伯特（4）	—	4BN4E9	4CN47E94	4DN472E948	4FN4728E9484	4GN47287E94843	4HN472871E948433
南极兰 伯特（5）	—	5BS4W9	5CS47W94	5DS472W948	5FS4728W9484	5GS47287W94843	5HS472871W948433

4）直角坐标格网扩充。直角坐标格网可在表 2-18 给出的直角坐标格网分级基础上按整倍数关系向小于 1m 的格网单元扩展。分米格网名称代码为 I。

例：某点位于（39°55′N，116°30′E），其 UTM 投影带号为 50，横坐标值为457 268.2m，纵坐标值 4 418 627.7m，求其 UTM 分米格网的代码。

分米格网代码：3IN44186277504572682。

直角坐标格网也可在表 2-18 给出的直角坐标格网分级基础上，对现有层级再细分。各层级格网单元间隔根据如下公式计算得到的值，见表 2-21。

$$格网间隔 = 2×10^n 或 5×10^n，n ∈ \{0,1,2,3,4,5\}$$

表 2-21　直角坐标格网扩充分级

格网名称	千公里区间格网	百公里区间格网	十公里区间格网	公里区间格网	百米区间格网	十米区间格网
格网名称代码	A#	B#	C#	D#	F#	G#
指数 n 取值	5	4	3	2	1	0
2×10^n 格网间隔/m	200 000	20 000	2 000	200	20	2
5×10^n 格网间隔/m	500 000	50 000	5 000	500	50	5

注："#"为依据区间格网间隔取 2 或 5

　　扩充后的格网编码形式为，投影代码+格网名称代码+直角坐标格网代码。直角坐标格网代码公式为，int（｜坐标值/间隔值｜）。

　　例：某点位于（39°55′N，116°30′E），其 UTM 投影带号为 50，横坐标值为 457 268.2m，纵坐标值 4 418 627.7m，UTM 扩充的格网间隔代码见表 2-22。

表 2-22　UTM 坐标扩充格网编码

格网名称	区间格网间隔/m	UTM（3）
千公里区间格网（A#）	500 000	—
百公里区间格网（B#）	20 000	3B2N2205022
十公里区间格网（C#）	5 000	3C5N8835091
公里区间格网（D#）	200	3D2N22093502286
百米区间格网（F#）	50	3F5N88372509145
十米区间格网（G#）	2	3G2N220931350228634

(5) 遥感影像产品的地理格网分幅与编码

　　1) 影像格网的编码。影像格网的编码由地理格网编码、卫星标识、传感器标识、影像获取时间、影像产品版本、影像产品名称、影像波段标识 7 个部分组成。各部分以"_"分隔，各部分说明见表 2-23。

表 2-23　影像格网编码各部分说明

名称	要求说明
地理格网编码（grid_id）	符合 2.3.2.2 节要求
卫星标识（satellite_id）	参见 GB/T 37151 2018 附录 B。例如，Landsat 系列分别用 L3/L4/L5/L7/L8 标识
传感器标识（sensor_id）	参见 GB/T 37151 2018 附录 B。Landsat 系列分别为 MSS、TM、ETM、OLI、TIR
获取时间（acquisition_date）	图像获取时间，按年 year（YYYY）、月 month（MM）、日 day（DD）格式

名称	要求说明
产品名称（product_name）	RTU 产品名称缩略表（表 2-15）
波段标识（band_id）	波段号。一般为数字，质量标识波段用 QA 标识
版本（Version_id）	产品生产的版本号。V 后面跟 2 位数据表示
扩展名（extension）	元数据与数据文件分别为 xml、tif 格式

2）几种常用的遥感影像产品地理格网分幅与编码。

·UTM 投影的遥感影像产品地理格网。

影像产品格网采用 UTM 投影和 6°分带。图 2-29 为全球 UTM 百公里格网分幅示意图。

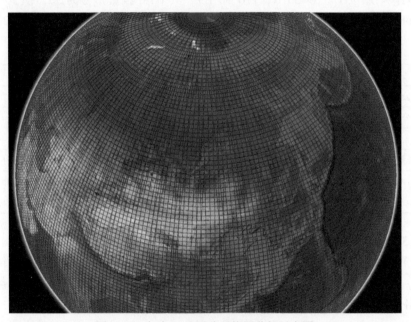

图 2-29　全球 UTM 百公里格网分幅示意图

对于跨带影像，跨带部分需要重投影到相应投影带，并按照该投影带的格网进行分幅。

影像可以覆盖整个格网或部分格网。部分覆盖的格网一般是位于一景影像的边缘。

地面分辨率为 10~100m 的影像建议采用百公里格网分幅，地面分辨率优于 10m 的影像建议采用十公里格网分幅。编码规则为投影代码+南北坐标代码+纵坐标格网代码+东西坐标代码（或投影带号代码）+横坐标格网代码。

例：某点位于39°55′N，116°30′E，其 UTM 投影6°分带带号为50，横坐标值为457 268.2m，纵坐标值为4 418 627.7m。该点在2016年10月18日的 Landsat 8 地表温度百公里格网产品编码为

3BN44504_L8_OLI_20161018_V01_LST_B1

·全球一张图地理格网。

全球一张图产品采用 Landsat 系列卫星、Sentinel 系列卫星等中分辨率卫星数据制作，采用 WGS-84 坐标系统经纬度投影（EPSG：4326）和0.00025°分辨率分块输出，输出格式为 GeoTIFF。

全球一张图产品采用10°×10°经纬度格网分幅（图2-30），编码规则为格网间隔代码+南北半球代码+纬度代码+东西半球代码+经度代码。

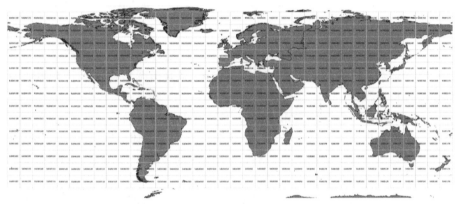

图2-30　全球一张图产品地理格网分幅示意图

具体分幅编码示例如表2-24所示。

表2-24　全球一张图产品分幅编码示意

10DN8W18	10DN8W17	…	10DN8E00	10DN8E01	…	10DN8E17
10DN7W18	10DN7W17	…	10DN7E00	10DN7E01	…	10DN7E17
…	…	…	…	…	…	…
10DN0W18	10DN0W17	…	10DN0E00	10DN0E01	…	10DN0E17
10DS1W18	10DS1W17	…	10DS1E00	10DS1E01	…	10DS1E17
…	…	…	…	…	…	…
10DS5W18	10DS5W17	…	10DS5E00	10DS5E01	…	10DS5E17

·全国一张图地理格网。

全国一张图采用"高分一号""高分二号""资源三号"系列等高分辨率卫

星数据制作，采用 WGS-84 坐标系统阿尔伯斯投影（中央经线 105°，两条标准纬线为 25°和 47°）和 2m 分辨率分块输出，输出格式为 GeoTIFF。

全国一张图产品采用 100km×100km 的直角格网分幅，编码规则为投影代码+南北坐标代码+纵坐标格网代码+东西坐标代码+横坐标格网代码。

具体分幅编码示例如表 2-25 所示。

表 2-25 全国一张图产品分幅编码示意

2BN60W26	2BN60W25	…	2BN60E00	2BN60E01	…	2BN60E23
2BN59W26	2BN59W25	…	2BN59E00	2BN59E01	…	2BN59E23
…	…	…	…	…	…	…
2BN04W26	2BN04W25	…	2BN04E00	2BN04E01	…	2BN04E23

（6）RTU 地理格网产品

1）RTU 地理格网产品的构成及格式。RTU 地理格网产品由产品元数据文件、产品图像数据文件、产品缩略图文件、产品拇指图文件（可选）和像元质量标识文件构成。

产品元数据文件：采用 XML 格式，是产品的元数据描述文件。

产品图像数据文件：采用 GeoTIFF 格式，是图像实体数据。

产品缩略图文件：采用 JPEG 格式，缩略图的长和宽为 1000～1200 像素，覆盖全部图像，长宽比例与原图像一致。

产品拇指图文件（可选）：采用 JPEG 格式，拇指图长和宽为 200～300 像素，覆盖全部图像，长宽比例与原图像一致。

像元质量标识文件：采用 GeoTIFF 格式，是产品的像元质量标识文件，标识图像数据质量，包括无效数据、云、云的阴影、雪、水等信息。

2）RTU 地理格网产品的命名规则。影像格网数据产品的名称应由产品名称和扩展名两部分组成，其表现形式如下。

影像格网的编码_起始时间_结束时间_版本号_产品名称．扩展名

产品名称要求与影像格网编码相同。

示例 1：2015 年全国一张图产品中格网编码为 2BN59E01 的文件名称如下。

2BN59E01_20150101_20151231_V01_ChinaM．XML

2BN59E01_20150101_20151231_V01_ChinaM．TIF

2BN59E01_20150101_20151231_V01_ChinaM．JPG

2BN59E01_20150101_20151231_V01_ChinaM_THUMB．JPG（可选）

2BN59E01_20150101_20151231_V01_ChinaM_PIXEL-QA．TIF

3）RTU 地理格网产品元数据。RTU 地理格网产品元数据在用于分幅影像元

数据的基础上增加有关格网信息。示例内容见表 2-26。

表 2-26　RTU 地理格网产品元数据定义及示例

编号	名称	域	说明
0	rtu_metadata	N/A	RTU 级元数据类
1	tile_metadata	N/A	格网元数据类
1.1	tile_id	NXXXXXX_LX_XX_yyyymmdd_VVV_product	格网标识或者格网文件名，由地理格网编码、卫星标识、传感器标识、获取时间、版本号、产品名称组成。例：3BN44504_L5_TM_20151126_V01_LSR
1.2	rtu_version	VXX	RTU 产品版本号
1.3	tile_production_date	YYYY-MM-DD	格网生成日期
1.4	bounding_coordinates	west, east（degrees；-180 to 180） north, south（degrees；-90 to 90）	地理坐标范围
1.5	spatial_reference-informmation	N/A	有关地理格网产品空间参照信息类
1.5.1	datum	WGS84	坐标系
1.5.2	projection	UTM	投影标识
1.5.3	units	meters	投影坐标单位
1.5.4	corner_point_ x y, location	（Variable）	格网角点坐标（左上或右下）
1.5.5	grid_origin	corner	格网坐标原点
1.5.6	UTM_proj_params	N/A	UTM 投影参数集
1.5.6.1	zone	50	带号
1.5.6.2	central_meridian	117	中央经线经度
1.5.6.3	origin_latitude	0.0	投影原点纬度
1.5.6.4	false_easting	500 000	东移假定值
1.5.6.5	false_northing	0.0	北移假定值
1.6	grid_id	3BN44504	格网代码由 5 类元素组成：投影代码+南北坐标代码+纵坐标格网代码+东西坐标代码（或投影带号代码）+横坐标格网代码
1.7	cloud_cover	6.491 8	非填充像素的云量百分比
1.8	cloud_shadow	5.955 1	非填充像素的阴影百分比

编号	名称	域	说明
1.9	snow_ice	0.014 8	非填充像素的冰雪百分比
1.10	fill	64.975 5	格网中填充像素百分比
1.11	bands	N/A	格网的波段信息
1.11.1	product	rtu_qa	波段类型
1.11.2	source	rtu scene product	来源
1.11.3	name	PIXEL_QA	波段名称
1.11.4	data_type	UINT16	数据类型
1.11.5	fill_value	1	填充值
1.11.6	nsamps	3 400	列数
1.11.7	nlines	3 400	行数
1.11.8	short_name	QA	简称
1.11.9	long_name	Land surface reflectence pixel quality band	全称
1.11.10	file_name	3BN44504_L5_TM_20151126_V01_LSR_QA.tif	文件名
1.11.11	pixel_size units, x, y	meters, 30, 30	像元分辨率
1.11.12	resample_method	none	重采样方法
1.11.13	data_units	quality/feature classification	数据单元描述
1.11.14	valid_range max, min	65 535.0, 0.0	最大值、最小值
1.11.15	bit num	1, 2, etc.	位数
1.11.16	production_date	2018-03-20T20：35：13Z	波段生成时间

2.3.3 遥感数据 RTU 产品工程化生产系统

2.3.3.1 遥感数据 RTU 产品生产系统

(1) 系统架构

多源遥感卫星 RTU 产品工程化生产系统为 B/S 架构（图 2-31），RTU 产品的生产任务通过 Web 界面，以 XML 订单模式提交到任务管理服务器，由其对生产任务进行管理和调度。该系统为分布式并行生产线，可将生产任务分配给多个计算服务器同时处理，充分利用生产系统中的计算资源。各处理任务是由相关算法资源集成、定制的工作流，利用分布式存储系统中的海量数据资源进行各种遥感卫星 RTU 产品的生产，并将产品结果归档至分布式存储服务器中。分布式多源遥感卫星数据整合加工服务系统已集成正射校正、影像融合、真彩色合成、影像镶嵌、温度反演、地表反射率反演、光谱指数计算等深加工处理算法，可自动、高效地进行大规模遥感卫星 RTU 产品的生产。系统具有良好的可扩展性，可以方便地扩充计算、存储节点，同时也能快速地集成新的 RTU 产品生产算法及工作流。

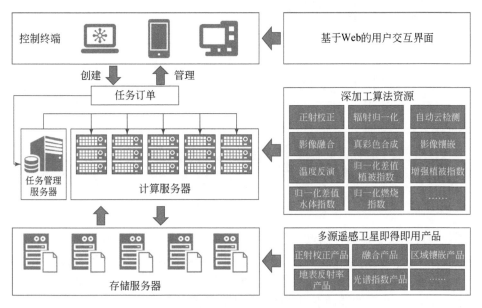

图 2-31　分布式多源遥感卫星数据整合加工服务系统架构

（2）自动化生产链路

该系统采用分布式高性能并行计算机制，具有高可扩展、高可靠性，集成了几何标准化、辐射归一化、影像融合、影像镶嵌、高级信息产品生产等算法资源，可根据产品生产需求构建工作流，通过任务管理调度系统统一管理任务订单、算法资源以及计算资源。当大规模的处理任务以订单的形式被提交到任务管理系统中时，任务管理服务器会根据网络中的计算资源状况将任务最优地分配给相应的处理服务器，实现任务的分布式并行处理。自动化生产链路如图 2-32 所示。

2.3.3.2　遥感数据 RTU 产品工程化生产

（1）多源遥感自动正射快速生产

多源遥感数据自动正射校正分为控制点采集、同名点采集、区域网平差和正射校正影像生成几个步骤（图 2-33），通过基于相位相关的自动匹配技术，从参

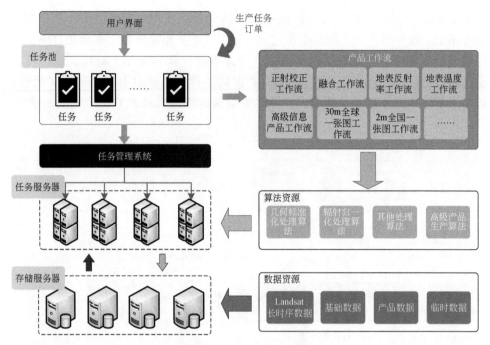

图 2-32　自动化生产链路

考影像中自动采集地面控制点、在多源遥感影像之间自动采集同名点，并通过几何一致性对采集的控制点和同名点进行优化，剔除置信度较低的匹配点，最后联合地面控制点和影像间的连接点进行区域网平差，修正多源遥感影像的成像几何模型，在 DEM 数据的辅助下对遥感影像进行快速正射校正。

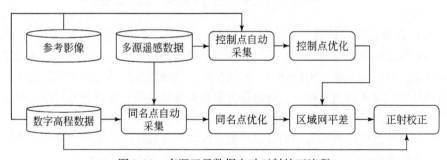

图 2-33　多源卫星数据自动正射校正流程

（2）大尺度镶嵌产品快速生产

大尺度镶嵌产品处理流程如图 2-34 所示。针对经过几何标准化处理后的大规模遥感正射影像，进行统一的投影变换后，自动提取最优镶嵌线（图 2-35）、匀光匀色、影像归一化以及影像次序调整等，然后进行分布式并行镶嵌处理，可实现大区域、全国乃至全球尺度遥感影像的快速无缝镶嵌（图 2-35）。

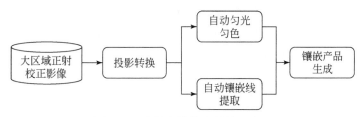

图 2-34　大尺度镶嵌产品处理流程

(a) 镶嵌前　　　　　(b) 自动镶嵌线提取

图　例
镶嵌线

(c) 镶嵌后

图 2-35　"高分一号"数据京津冀地区镶嵌产品示例

（3）图像融合产品快速生产

图像融合目的是综合高分辨率全色图像的几何纹理细节信息和低分辨率多光谱图像的光谱，以最大的光谱保真度实现低分辨率多光谱数据与高分辨率全色数据的融合。该方法使用产生锐化结果优于其他类型的算法，同时保留原始影像的光谱特性。Landsat 8 卫星数据多光谱与全色影像融合结果示例如图 2-36 所示。"高分一号"卫星数据多光谱与全色影像融合结果示例如图 2-37 所示。

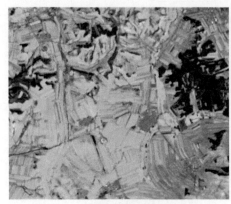

（a）多光谱数据　　　　　　　　　　　（b）融合结果

图 2-36　Landsat 8 数据融合结果示例

（a）多光谱数据　　　　　　　　　　　（b）融合结果

图 2-37　"高分一号"数据融合结果示例

（4）长时序 Landsat RTU 产品快速生产

Landsat 系列 RTU 产品体系与生产流程如图 2-38 所示。针对 Landsat 系列卫星数据实现长时序 RTU 产品的快速生产，包括反射率产品（星上反射率、地表反射率，如图 2-39 所示）、温度产品（星上亮度温度、地表温度，如图 2-40 所示）和多种指数产品〔归一化差值植被指数（NDVI）、增强植被指数（EVI）、归一化水体指数（NDWI）、土壤调节植被指数（SAVI）、改进的土壤调节植被指数（MSAVI）、归一化水分指数（NDMI）、归一化燃烧指数（NBR）等，如图 2-41 所示]。同时，在地表反射率的基础上，进行了 BRDF、地形校正的全要素地表反射率产品生产，如图 2-39（c）所示。

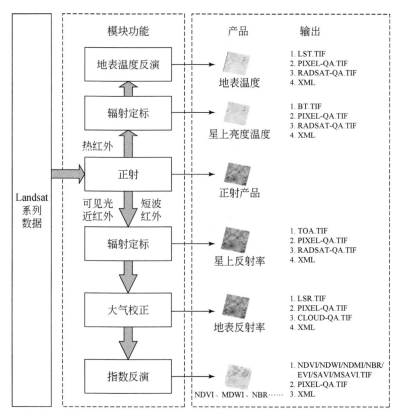

图 2-38　Landsat 系列 RTU 产品体系与生产流程

(a) 星上反射率产品　　(b) 地表反射率产品　　(c) 大气-BRDF-地形地表反射率产品

图 2-39　Landsat 反射率产品示例

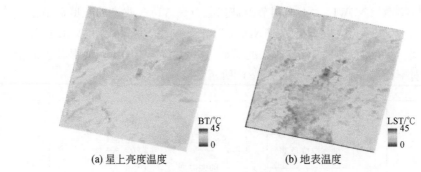

(a) 星上亮度温度   (b) 地表温度

图 2-40　Landsat 温度产品示例

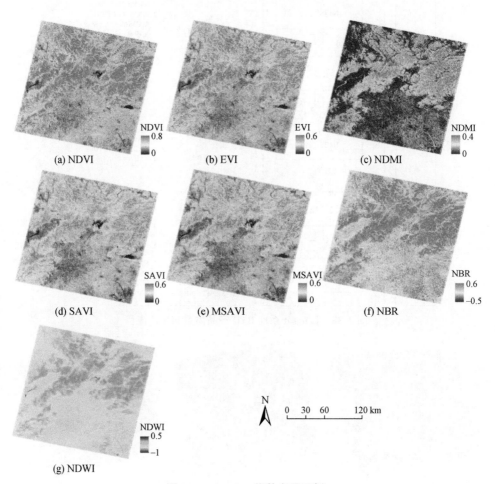

图 2-41　Landsat 指数产品示例

（5）高分辨率产品自动云检测功能

以"高分一号"卫星影像为例实现了自动云检测。云检测算法主要包括三个方面：云层粗检测，利用阈值分割的方法根据影像不同波段的光谱组合信息将云层及似云地物检测出来；云掩膜优化，根据影像的纹理、几何信息，去除纹理特征明显的城区、裸土及冰雪的影响，同时以云掩膜二值图像中 8 邻域连通成分作为单独的对象，提取它们的几何特征（面积和分形维数指标）来进一步剔除粗差，实现逐步细化；边缘优化，云层边缘通常会有薄云分布，采用引导滤波进一步提取边缘薄云，同时利用形态学运算，去除孔洞，优化检测结果。其技术流程如图 2-42 所示。

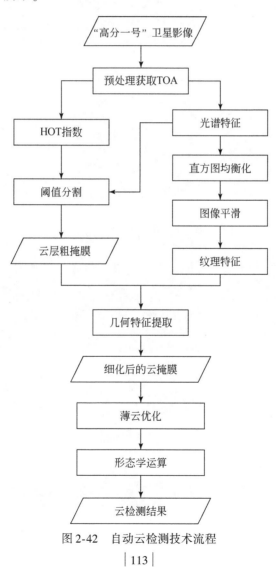

图 2-42　自动云检测技术流程

选取不同环境下的 5 景"高分一号"遥感影像（下垫面包括植被、裸土、城市等，云的类型多样，包括点云、卷云、层云、薄云等），以大气表层反射率作为输入，云检测结果如图 2-43 所示。通过自动化云检测算法对"高分一号"影像进行检测，每景影像检测时间为 35s，检测精度优于 90%。

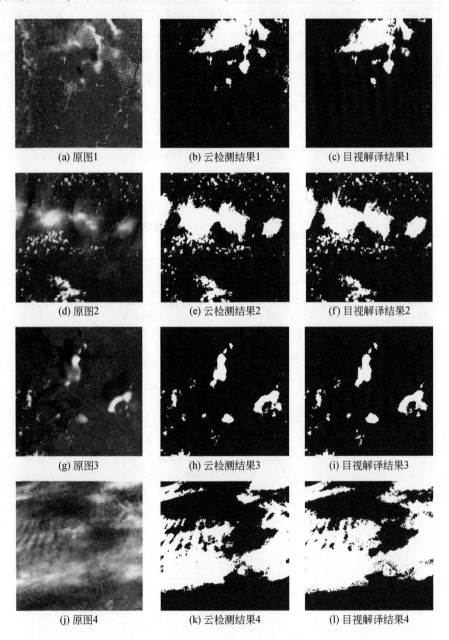

(a) 原图1	(b) 云检测结果1	(c) 目视解译结果1
(d) 原图2	(e) 云检测结果2	(f) 目视解译结果2
(g) 原图3	(h) 云检测结果3	(i) 目视解译结果3
(j) 原图4	(k) 云检测结果4	(l) 目视解译结果4

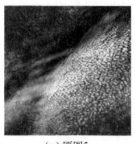 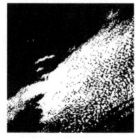 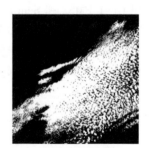

(m) 原图5　　　　　　　(n) 云检测结果5　　　　　　(o) 目视解译结果5

图 2-43　云检测结果示例

（6）高分数据辐射归一化产品

为提高时序高分数据的辐射一致性，研发了以 Sentinel-2 MSI 和 Landsat 8 OLI 的地表反射率产品为基准的 GF-1 影像辐射归一化算法（黄莉婷等，2020）。其主要技术流程为，首先根据目标影像及基准影像的红波段和近红外波段散点图确定未变化集；然后用正则化迭代加权多元变化检测（iteratively reweighted multivariate alteration detection，IR-MAD）方法对未变化集进一步筛选得到不变特征点；最后由不变特征点建立线性回归模型求解系数得到辐射归一化方程进行辐射归一化。具体流程如图 2-44 所示。

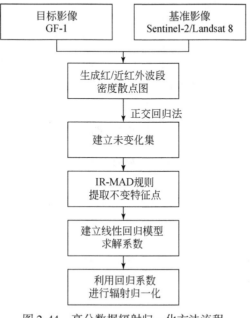

图 2-44　高分数据辐射归一化方法流程

以 GF-1 PMS2 和 Sentinel-2A MSI、GF-1 WFV4 和 Landsat 8 OLI 两组影像为例，辐射归一化目视效果如图 2-45 所示。由图 2-45 可知，经过相对辐射归一化后两个影像颜色、亮度等十分相似，说明归一化的效果较好。经过辐射归一化后的影像与参考影像具有较好的辐射一致性，便于长时序多源遥感影像的对比分析。

(a) PMS2(右)和MSI(左)辐射归一化前对比

(b) PMS2(右)和MSI(左)辐射归一化后对比

(c) WFV4(右)和OLI(左)辐射归一化前对比

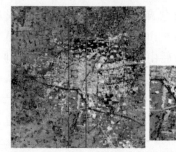
(d) WFV4(右)和OLI(左)辐射归一化后对比

图 2-45　辐射归一化前后对比

参 考 文 献

曹金山，龚健雅，袁修孝 . 2015. 直线特征约束的高分辨率卫星影像区域网平差方法 . 测绘学报，44（10）：1100-1107.

陈立波，焦伟利 . 2010-06-02. 一种用于克服有理函数模型病态性的改进的奇异值修正方法：中国，ZL200910223584.8.

焦伟利，龙腾飞，何国金，等 . 2020. 遥感数据即得即用（Ready To Use，RTU）地理格网产品规范 . 中国科学数据，5（4）：DOI：10. 11922/csdata. 2020. 0028. zh.

蒋永华，张过，唐新明，等 . 2014. 资源三号测绘卫星三线阵影像高精度几何检校 . 测绘学报，42（4）：523-529.

黄莉婷，焦伟利，龙腾飞，等 . 2020. 基于正则化 IR-MAD 的 GF-1 影像辐射归一化研究 . 遥感信息，39（3）：99-109.

胡毓钜，龚剑文，黄伟．1986．地图投影．第二版．北京：测绘出版社．

李德仁，张过，江万寿，等．2006．缺少控制点的 SPOT-5 HRS 影像 RPC 模型区域网平差．武汉大学学报（信息科学版），31（5）：377-381.

李德仁，张过，蒋永华，等．2016．国产光学卫星影像几何精度研究．航天器工程，25（1）：1-9.

龙腾飞．2016．面向即时卫星影像服务的快速几何定位技术．北京：中国科学院大学．

龙腾飞，焦伟利，王威．2013．基于面特征的遥感图像几何校正模型．测绘学报，42（4）：540-545.

龙腾飞，焦伟利，何国金，等．2017-11-03．离岛卫星影像 RPC 模型高精度几何定位方法：中国，ZL201710373884.9.

王猛猛．2017．地表温度与近地表气温热红外遥感反演方法研究．北京：中国科学院大学．

汪韬阳，张过，李德仁，等．2014．资源三号测绘卫星影像平面和立体区域网平差比较．测绘学报，43（4）：389-395，403.

武盟盟，焦伟利，龙腾飞．2014．基于描述子与几何约束的直线段匹配．计算机工程与设计，35（6）：1983-1987.

许才军，张朝玉．2009．地壳形变测量与数据处理．武汉：武汉大学出版社．

袁修孝，林先勇．2008．基于岭估计的有理多项式参数求解方法．武汉大学学报（信息科学版），33（11）：1130-1133.

袁修孝，曹金山．2011．一种基于复共线性分析的 RPC 参数优选法．武汉大学学报（信息科学版），36（6）：590-597.

姚宜斌，邹蓉，施闯．2007．对地观测系统的时空基准//龚健雅．对地观测数据处理与分析研究进展．武汉：武汉大学出版社．

张过．2005．缺少控制点的高分辨率卫星遥感影像几何纠正．武汉：武汉大学．

张剑清，张祖勋．2002．高分辨率遥感影像基于仿射变换的严格几何模型．武汉大学学报（信息科学版），27（6）：555-559.

张剑清，潘励，王树根．2003．摄影测量学．武汉：武汉大学出版社．

张永军，胡丙华，张剑清．2011．基于多种同名特征的相对定向方法研究．测绘学报，40（2）：194-199.

张永军，黄旭，黄心蕙，等．2015．基于相交直线的相对定向方法．武汉大学学报（信息科学版），40（3）：303-307.

张祖勋，张宏伟，张剑清．2005．基于直线特征的遥感影像自动绝对定向．中国图象图形学报（A 辑），10（2）：213-217.

祝汶琪，焦伟利．2008．用遗传算法求解有理函数模型．科学技术与工程，8（7）：3530-3535.

Baltsavias E，Pateraki M，Zhang L．2001. Radiometric and Geometric Evaluation of Ikonos GEO Images and Their Use for 3D Building Modelling. Joint Workshop of ISPRS Working Groups Ⅰ/2, Ⅰ/5 and Ⅳ/7 High Resolution Mapping from Space 2001. Zurich：ETH Hönggerberg, Institute of Geodesy and Photogrammetry.

Chen L, Jiao W. 2009. An Improved Method of Singular Value Amendment for Overcoming the Ill-posed Problems in Rational Function Model. The 2nd Conference on Earth Observation for Global Changes (EOGC2009). Chengdu: EOGC2009.

Chen M, Shao Z. 2013. Robust affine-invariant line matching for high resolution remote sensing images. Photogrammetric Engineering & Remote Sensing, 79 (8): 753-760.

Deering D W. 1978. Rangeland Reflectance Characteristics Measured by Aircraft and Spacecraft Sensors. College Station, TX: Texas A&M University.

Dong Y, Long T, Jiao W, et al. 2017. A novel image registration method based on phase correlation using low-rank matrix factorization with mixture of Gaussian. IEEE Transactions on Geoscience and Remote Sensing, 56 (1): 446-460.

Dong Y, Jiao W, Long T, et al. 2018. An extension of phase correlation-based image registration to estimate similarity transform using multiple polar fourier transform. Remote Sensing, 10 (11): 1719.

Dong Y, Jiao W, Long T, et al. 2019a. Eliminating the effect of image border with image periodic decomposition for phase correlation based remote sensing image registration. Sensors, 19 (10): 2329.

Dong Y, Jiao W, Long T, et al. 2019b. Local deep descriptor for remote sensing image feature matching. Remote Sensing, 11 (4): 430.

Efron B, Hastie T, Johnstone I, et al. 2004. Least angle regression. The Annals of Statistics, 32 (2): 407-499.

Feng M, Huang C Q, Channan S, et al. 2012. Quality assessment of Landsat surface reflectance products using MODIS data. Computers & Geosciences, 38 (1): 9-22.

Fraser C, Hanley H. 2003. Bias compensation in rational functions for IKONOS satellite imagery. Photogrammetric Engineering & Remote Sensing, 69 (1): 53-57.

Fraser C, Grodecki J. 2006. Sensor orientation via RPCs. ISPRS Journal of Photogrammetry and Remote Sensing, 60 (3): 182-194.

Frantz D, Roder A, Stellmes M, et al. 2016. An operational radiometric Landsat preprocessing framework for large-area time series applications. IEEE Transactions on Geoscience & Remote Sensing, 54: 3928-3943.

García M J L, Caselles V. 1991. Mapping burns and natural reforestation using thematic Mapper data. Geocarto International, 6: 31-37.

Grodecki J, Dial G. 2003. Block adjustment of high-resolution satellite images described by rational polynomials. Photogrammetric Engineering & Remote Sensing, 69 (1): 59-68.

Hanley H, Yamakawa T, Fraser C. 2002. Sensor orientation for high-resolution satellite imagery. International Archives of Photogrammetry Remote Sensing and Spatial Information Sciences, 34 (1): 69-75.

Hardisky M A, Klemas V, Smart R M. 1983. The influence of soil salinity, growth form, and leaf moisture on the spectral radiance of *Spartina alterniflora* canopies. Photogrammetric Engineering and Remote Sensing, 49: 77-83.

Hartley R, Zisserman A. 2003. Multiple View Geometry in Computer Vision. Cambridge: Cambridge University Press.

He G, Zhang Z, Jiao W, et al. 2018. Generation of ready to use (RTU) products over China based on Landsat series data. Big Earth Data, 2: 1, 56-64.

Huete A R. 1988. A soil-adjusted vegetation index (SAVI). Remote Sensing of Environment, 25: 295-309.

Hu Y, Tao V, Croitoru A. 2004. Understanding the rational function model: methodsand applications. International Archives of Photogrammetry and Remote Sensing, 20 (6): 119-124.

Huang W, Zhang G, Li D. 2016. Robust approach for recovery of rigorous sensor model using rational function model. IEEE Transactions on Geoscience and Remote Sensing, 54 (7): 4355-4361.

Jiménez-Muñoz J, Sobrino J. 2003. A generalized single channel method for retrieving land surface temperature from remote sensing data. Journal of Geophysical Research-Atmospheres, 108: 4688-4695.

Jiménez-Muñoz J, Cristóbal J, Sobrino J, et al. 2009. Revision of the single-channel algorithm for land surface temperature retrieval from Landsat thermal-infrared data. IEEE Transactions on Geoscience and Remote Sensing, 47: 339-349.

Jiménez-Muñoz J, Sobrino J, Skokovic D, et al. 2014. Land surface temperature retrieval methods from Landsat-8 thermal infrared sensor data. IEEE Geoscience and Remote Sensing Letters, 11: 1840-1843.

Liu H Q, Huete A R. 1995. A feedback based modification of the NDVI to minimize canopy background and atmospheric noise. IEEE Tans. Geosci. Remote Sens. , 33: 457-465.

Long T, Jiao W, He G, et al. 2013. Automatic line segment registration using Gaussian mixture model and expectation-maximization algorithm. IEEE Journal of Selected Topics in Applied Earth Observations and Remote Sensing, 7 (5): 1688-1699.

Long T, Jiao W, He G. 2014. Nested regression based optimal selection (NRBOS) of rational polynomial coefficients. Photogrammetric Engineering & Remote Sensing, 80 (3): 261-269.

Long T, Jiao W, He G. 2015a. RPC estimation via L1-Norm-Regularized Least Squares (L1LS). IEEE Transactions on Geoscience and Remote Sensing, 53 (8): 4554-4567.

Long T, Jiao W, He G, et al. 2015b. A generic framework for image rectification using multiple types of feature. ISPRS Journal of Photogrammetry and Remote Sensing, 102: 161-171.

Long T, Jiao W, He G, et al. 2016. A fast and reliable matching method for automated georeferencing of remotely-sensed imagery. Remote Sensing, 8 (1): 56.

Long T, Jiao W, He G, et al. 2020. Block adjustment with relaxed constraints from reference images of coarse resolution. IEEE Transactions on Geoscience and Remote Sensing, doi: 10.1109/TGRS. 2020. 2984533.

Lowe D. 2004. Distinctive image features from scale-invariant keypoints. International Journal of Computer Vision, 60 (2): 91-110.

Masek J, Vermote E, Saleous N, et al. 2006. A Landsat surface reflectance dataset for North America, 1990-2000. IEEE Geoscience and Remote Sensing Letter, 3: 68-72.

McFeeters S K. 1996. The use of normalized difference water index (NDWI) in the delineation of open water features. International Journal of Remote Sensing, 17 (7): 1425-1432.

Okamoto A. 1988. Orientation theory of CCD line-scanner images. International Archives of Photogrammetry and Remote Sensing, 27 (B3): 609-617.

Peng Y, He G, Zhang Z, et al. 2016. Study on atmospheric correction approach of Landsat-8 imageries based on 6S model and look-up table. Journal of Applied Remote Sensing, 10: 045006, doi: 10. 1117/1. JRS. 10. 045006.

Qi J, Chehbouni A, Huete A R, et al. 1994. A modified soil adjusted vegetation index. Remote Sensing of Environment, 48 (2): 119-126.

Qin Z, Karnieli A, Berliner P. 2001. A mono-window algorithm for retrieving land surface temperature from Landsat TM data and its application to the Israel-Egypt border region. International Journal of Remote Sensing, 22: 3719-3746.

Roy D, Zhang H, Ju J, et al. 2016. A general method to normalize Landsat reflectance data to nadir BRDF adjusted reflectance. Remote Sensing of Environment, 176: 255-271.

Sobrino J, Jiménez-Muñoz J, Paolini L. 2004. Land Surface temperature retrieval from LANDSAT TM 5. Remote sensing of Environment, 90: 434-440.

Tang X, Zhou P, Zhang G, et al. 2015. Verification of ZY-3 satellite imagery geometric accuracy without ground control points. IEEE Geoscience and Remote Sensing Letters, 12 (10): 2100-2104.

Tao V, Hu Y. 2001. A comprehensive study of the rational function model for photogrammetric processing. Photogrammetric Engineering and Remote Sensing, 67 (12): 1347-1358.

Tibshirani R. 2011. Regression shrinkage and selection via the lasso: a retrospective. Journal of the Royal Statistical Society: Series B (Statistical Methodology), 73 (3): 273-282.

Tong X, Ye Z, Xu Y, et al. 2015. A novel subpixel phase correlation method using singular value decomposition and unified random sample consensus. IEEE Transactions on Geoscience and Remote Sensing, 53 (8): 4143-4156.

Toutin T. 2003. Block bundle adjustment of Ikonos in-track images. International Journal of Remote Sensing, 24 (4): 851-857.

Vermote E, Justice C, Claverie M, et al. 2016. Preliminary analysis of the performance of the Landsat 8/OLI land surface reflectance product. Remote Sensing of Environment, 185: 46-56.

Wang M, Zhang Z, He G, et al. 2016. An enhanced single-channel algorithm for retrieving land surface temperature from Landsat series data. Journal of Geophysical Research-Atmosphere, 121: 11712-11722.

Zhang Z, He G. 2013. Generation of Landsat surface temperature product for China, 2000-2010. International Journal of Remote Sensing, 34: 7369-7375.

Zhang Z, He G, Wang M, et al. 2016. Validation of the generalized single- channel algorithm using Landsat 8 imagery and SURFRAD ground measurements. Remote Sensing Letters, 7: 810-816.

Zhang Z, He G, Zhang X, et al. 2017. A coupled atmospheric and topographic correction algorithm for remotely sensed satellite imagery over mountainous terrain. GIScience & Remote Sensing, 54: 1-17.

Zitová B, Flusser J. 2003. Image registration methods: a survey. Image and Vision Computing, 21 (11): 977-1000.

第 3 章 | 遥感数据智能

作为大数据的一个分支，科学大数据正在成为科学发现的新型驱动力，引起有关国家和科技界的高度重视。欧盟提出"科学是一项全球性事业，而科研数据是全球的资产"的理念。美国的"从大数据到知识"计划、欧盟的"数据价值链战略计划"、英国的"科研数据之春"计划、澳大利亚的"大数据知识发现"项目、欧洲"地平线2020"计划的"数据驱动型创新"课题，均聚焦于从海量和复杂的数据中获取知识的能力，深入研究基于大数据价值链的创新机制，倡导大数据驱动的科学发现模式。郭华东院士指出，为满足庞大且日益快速增长的科学大数据的应用需求，迫切需要建立一些能够共享数据、算法、模型的开放系统，以此实现对已有数据的科学分析和集成应用（Guo，2018）。"数据智能"（data intelligence）应运而生。"数据智能"是大数据发展的必然产物，2018年10月，第五届中国国际大数据大会上发布的《2018年数据智能生态报告》中对数据智能进行了专门讨论（杨慧，2018）。

对地观测进入大数据时代，人们逐步认识到通过数据驱动来推进遥感应用的重要作用；然而，如果无法高效地从遥感数据中提取出有用的信息并转换为决策知识，"数据爆炸、信息缺乏、知识难求"将依然是遥感信息处理与应用面临的重要问题。遥感数据智能专注于从遥感数据中发现知识以更好地进行地球系统认知并辅助决策。遥感数据智能通过挖掘多源遥感数据获得价值，将即得即用（RTU）产品转为信息和知识，进而支持决策或行动。遥感数据智能是遥感信息工程应用的必然需求。

3.1 AI 赋能遥感信息挖掘

在大数据获取、廉价的大规模云计算资源以及先进微处理器的推动下，以新一代机器学习——深度学习为代表的人工智能取得了重大进展。当前的智能信息挖掘呈现出深度学习、跨界融合、人机协同、群智开放、自主操控等新特征，正在对经济发展、社会进步、国际政治、国家政策、经济格局等方面产生重大而深远的影响。遥感数据信息挖掘是我国一系列国家振兴科研计划的重要组成部分。随着人工智能3.0的问世，新一代人工智能正在全球范围内蓬勃兴起，也为遥感数据智能带来了新的契机。国际上，美国的 Google Earth Engine、澳大利亚的 DataCube、欧空局的 Copernics 就是这方面的典型代表；在国内，阿里云推出的"数字星球引擎"，是基于阿里云核心数据库能力（Ganos）和达摩院 AI 能力构建的"一站式遥感数据获取和智能增值平台"；中国四维与华为在 2019 华为全联接大会期间联合发布了"四维地球"遥感数据云产品；商汤科技在 WGDC 上发布了 SenseEarth 智能遥感在线解译平台；2019 年 12 月 9 日，腾讯推出"WeEarth 超级地球"，计划在未来组建一个包括 300 颗卫星在内的对地观测网，为政府机构、科研院所、科技企业提供"开箱即用"的服务；中国科学院 2018 年推出了 CASEarth Databank 系统。归纳起来，AI 赋能遥感信息挖掘重点要解决以下几个方面的问题：首先，遥感数据的特征提取与表达是信息挖掘的必要条件，数据所蕴含的有用信息需要在合理高效的表达后才能较好的被利用；其次，遥感数据的标注策略与数据增强是数据智能的基础保障，大数据时代数据虽多但数据分布并不均匀，所以优选地标注数据显得尤为重要；而知识的迁移与时间序列数据的处理是遥感信息挖掘的重要技术方向；另外，地学先验知识的合理引入是遥感信息数据挖掘走向实用的关键突破点。除此以外，本章还从遥感数据的可视化和用户行为驱动两个方面从实际的应用角度对遥感数据智能进行详细的阐述。

3.1.1　遥感数据特征提取与表达

特征表达问题在遥感数据信息挖掘领域占有非常重要的地位。同时，特征表示问题属于机器学习领域中一个基本问题。从机器学习的角度，特征学习可以分为无监督特征学习和监督特征学习。对于遥感数据智能信息挖掘来说，特别是高分辨率遥感数据的信息挖掘，其特征学习与表达与机器学习和计算机视觉领域的特征学习与表达有很多相通之处。另外，特征表达还可以分为手工特征和自动化特征。像当前流行的深度学习 CNN 结构里的卷积层属于有监督自动化特征，而变分自编码则属于自动化无监督特征学习。一般而言，流形学习、稀疏编码等即便加入了监督信息仍然属于手工特征。

在遥感信息挖掘领域，人工设计特征（手工特征）在早期的研究中占有十分重要的地位。尤其是人工设计的无监督特征学习，早期涌现出众多研究大多是关于描述场景局部区域某方面的视觉模式。早期的手工无监督特征的表达能力在高分辨率遥感复杂场景认知方面比较有限。但是，无监督人工特征仍然是很多遥感数据分析及其应用的基础。尤其是对大量无标注数据条件下的信息挖掘任务显得十分重要。稀疏表征、聚类、流形学习等大部分机器学习领域的特征表达方法都可以较直接地引入到遥感信息挖掘；另外，侧重视觉不变形的如 SIFT、SURF、

ORB、HOG、HAAR、LBP 等无监督特征也在遥感信息挖掘领域展现了重要价值。针对高分辨率遥感场景特点，设计出能较好地描述目标或场的特征一直是本领域研究人员追求的目标。但由于设计新的特征需要大量的专业领域知识以及反复试验，专门用于描述遥感目标或场景的有效特征十分困难。因此，一些研究工作尝试利用特征学习方法从场景数据中"自动地"学习出满足数据特点的特征。本节将分别介绍无监督特征学习和有监督特征学习。

3.1.1.1　无监督特征学习

无监督特征学习一般是指不利用标注信息直接从数据中学习用于表达数据的特征。这种表达可以是数据分布的密度，可以是数据连接关系，可以是数据的局部几何特性，也可以是数据视觉敏感程度，等等。无监督特征既可以是浅层的手工特征（如稀疏编码），也可以是深层的自动化特征（如变分自编码）。对于遥感信息智能挖掘来说，无监督特征学习一直非常重要，一方面，遥感数据标注耗时费力，代价很高；另一方面，无监督特征学习所挖掘的数据自身内在规律也是很多算法模型有效性的前提和基础。

无监督特征学习的主要目标是从无标注的样本 x 中学习出一个新的特征表达 $\Psi=F(x)$，$F(x)$ 可以粗略地认为是一种变换，其具体形式通过特定的运算、基函数或一组参数 θ 来控制。无监督特征学习算法通过让 x 向新的空间投影或训练参数 θ，最终获得一个比原始输入 x 对某种应用更加有效的数据特征表达 $\Psi=F(x)$。$\Psi=F(x)$ 的过程可以是线性的也可以是非线性的，甚至非常复杂，找到的特征 Ψ 应该具有更好的信息承载能力和更简洁的表达形式。

无监督特征学习一般由两部分组成：①定义包含参数 θ 的映射函数 $F(x;\theta)$；②训练参数 θ 时采用的学习算法。无论是过去还是现在，无监督特征学习都大量应用于遥感信息挖掘（如高分辨率场景的理解）。一般来说，无监督特征学习通过训练要产生关于模型参数 θ。在某种程度上，参数 θ 描述了训练样本数据集的抽象概括后的本质特性。比如非解析稀疏表征中的原子就是典型的参数 θ，那么训练原子的经典算法 K-SVD 就是训练 θ 的算法，把数据通过 θ 变换成新的特征空间的稀疏系数的过程就是 $\Psi=F(x)$。这个过程如果不加入标注信息就是典型的无监督特征学习。最常用的无监督特征学习可能就是稀疏编码方法以及 K-means 聚类方法。但这些都是浅层或手工的无监督特征学习。深度学习兴起之后，深层的或自动的无监督特征学习有稀疏自编码 SAE、变分自编码 VAE 等。本节介绍一种典型的手工浅层无监督特征学习——稀疏编码（sparse representation）及其在序列遥感图像的应用。

图像的稀疏表示为图像处理领域一个核心问题，将图像信息转化到满足稀疏特性的新空间，用尽量少的数据表示原始图像的主要信息，在很多方面可以大大简化对原始图像数据的分析、处理过程，如图像分类、图像压缩、特征提取等。

多尺度变换和字典学习稀疏表示都是信号的稀疏表示的常用方法。多尺度几何分析是在一维小波变换基础上发展的变换方法，具有多分辨率、多方向、各向异性等特点，为高维空间数据稀疏表示提供了有效途径，因此在遥感图像稀疏表示方面得到广泛应用。多尺度几何分析方法基于特定的数学模型，属于解析字典范畴。获得字典速度快，具有普遍性，但是对于某类特定信号经常不能达到最优的效果。字典学习方法基于样本训练得到对信号表示的原子集，属于机器学习范畴。这类字典训练过程比较复杂，但是具有针对性，能够得到更加详尽的局部复杂结构，因此可以更加有效地表示和训练样本结构相似的一类信号。

以前，对于海量遥感图像的稀疏表示主要采用多尺度分析的固定字典（曲线波、轮廓波等），这类字典一般具有固定的形式，对复杂结构的数据适应性较差。目前遥感图像拥有越来越多的波段，蕴含丰富的光谱信息，同时对同一地物实行周期性观测，从而产生大量分辨率高、纹理结构复杂但相似性较高的遥感图像数据。对于这类时间序列上或者不同波段的海量遥感数据，训练一个处理冗余信息的学习型字典是一个值得研究的方向。本节基于这类结构复杂且具有较高相似性的海量时间序列遥感图像，提出运用字典学习的方法进行时间序列遥感影像集的稀疏表示。

近年来，稀疏表示理论一直是研究热点问题，这也为字典学习的发展奠定了理论基础。Engan 等（1999）率先提出了一种最优方向算法，该算法是将图像分块后训练字典，字典中原子具有 Gabor 特性，该方法在学习过程中用到了逆矩阵，使得算法复杂度变高了。针对这个复杂的计算问题，Aharon 等（2006）提出 K-SVD 字典学习算法，利用奇异值分解方法来代替逆矩阵的计算，学习过程中逐个更新原子和其对应的系数，大大减少了计算量。基于 K-SVD 的字典学习算法同时更新字典原子与其对应的稀疏系数，减少了迭代次数，加快了收敛速度，并且最大限度地降低了字典原子的相关性，使得系数更加稀疏，是目前国内外比较经典的字典学习方法。然而 K-SVD 是批量处理训练样本，训练过程需要载入全部训练数据，这限定了 K-SVD 算法只能适用于小样本。由于空间大数据的海量特性，所有数据一次性进入到字典学习模型显然是不可能实现的。长时间序列数据在时间维度上有较明显的冗余，而数据的特征既有稳定部分也有突变部分，并且有一定的周期性。为了能够高效地训练原子，构造字典集合的过程应该是开放的和动态的，数据有序进入，而原子应该分批产生且随着数据的规律进行更新。针对这个问题并基于 K-SVD 的思想，我们提出一种改进的增量 K-SVD 算法（简称 IK-SVD）。该算法将增量学习的思想与 K-SVD 算法结合，利用增量学习可以处理动态大数据的优点，解决了 K-SVD 受限于小样本的问题。增量 K-

SVD 算法将大量的训练样本分批进行处理，每次训练一幅或者几幅图像，对于有突发的部分随时添加到原子库中。直至所有的样本训练完毕，从而实现训练数据和对应字典集的动态扩展。

增量学习是解决海量数据或者动态数据的有效方法，常结合于数据的分类算法形成动态分类模型。字典学习的算法的过程也源于样本训练，当数据样本海量或者随时间递增时常用的经典算法往往失去效果，这里在经典字典学习算法中融入增量学习思想，从而实现对海量的遥感数据进行字典训练。针对 K-SVD 的两种不同模式我们设计了不同的阈值判断条件，算法的模式用 mode 来标记，则当为"误差"模式时标记 mode=error，此时整个算法的稀疏分解过程（内部控制）运用限制误差的目标函数，而 δ 控制着外部的稀疏性（非零元素数量占样本数据的百分比）。当选择"稀疏度"模式时，标记 mode=sparsity，此时整个算法中的稀疏分解过程运用限制稀疏性的目标函数，用 ε 控制着外部的误差。增量 K-SVD 的算法见算法 3-1。

算法 3-1　增量 K-SVD 算法（mode=error）

1. 输入：训练样本集 $\{Y_1,\cdots,Y_t,\cdots,Y_T\}$，字典 $D_0=\{d_1,\cdots,d_s\}\in R^{n\times s}$，每次添加新原子个数 m，误差控制 ε_0，外部稀疏性控制 δ，迭代次数 p。

2. 输出：过完备字典 D。

3. 初始化：字典 D_0 初始化为 DCT 字典或者 $D_0=\{y_i/\|y_i\|_2\}_{i=1}^s\in Y_1, i\in rand(s)$。

4. 逐个训练：对样本集 $\{Y_1,\cdots,Y_t,\cdots,Y_T\}$ 中每个增量样本 Y_t 做如下操作。

（1）计算。利用目标函数 $\min\limits_{X_t}\|X_t\|_0$　s.t.　$\forall i$　$\|y_i-D_{t-1}x_i\|_2^2\leqslant\varepsilon_0$，计算出对应于样本 $Y_t=\{y_i\}_{i=1}^N$ 的稀疏系数矩阵 X_t。

（2）判断。$\dfrac{\|X_t\|_0}{\text{numel}(Y_t)/n}\geqslant\delta$？若不成立，当前字典 D_{t-1} 不添加原子，$D_t=D_{t-1}$，执行步骤（3）。若成立，执行下面步骤。

1）新字典初始化：DCT 或者随机选样本信号的方法初始化原子组合 $\{d_{s+1},\cdots,d_{s+m}\}$，$D_t=D_{t-1}\cup\{d_{s+1},\cdots,d_{s+m}\}$。

2）迭代：直到达到迭代次数 p。

a）稀疏编码：利用新字典 D_t 和误差目标函数计算出样本 $Y_t=\{y_i\}_{i=1}^N$ 的稀疏系数矩阵 X_t。

b）原子更新：利用 K-SVD 字典更新机制逐个对字典 D_t 中新原子部分 $d_k(k=s+1,\cdots,s+m)$ 进行更新。

（3）$t=t+1$，继续训练下一个样本 Y_{t+1}。

近年来，国内外关于字典学习算法的研究中能够实现训练样本不受限的方法有两种，即一种是 Mairal 等（2009）提出的在线字典学习（ODL）算法，另一种是最小二乘字典学习（RLS-DLA）算法（Skretting and Engan，2010）。我们对提出的 IK-SVD 算法及上述两种算法进行了仿真。测试数据选择北京地区的 Landsat 5 遥感图像。分别选择了两组数据进行测试，每组数据分别在"误差"模式和"稀疏度"模式下进行实验分析，测试实验的重构算法均采用 OMP 算法。为评价算法的性能，实验采用峰值信噪比和稀疏度两个指标。

对于不同的字典，若重构时误差控制是一样的，那么重构出的图像的质量一般没有明显的区别，则不同字典对图像稀疏分解过程产生的非零系数个数（重构图像需要的元素个数）是字典性能的重要对比指标。若重构时设置的稀疏度是一样的，即每个图像块需要的稀疏系数个数一定，则不同字典对图像重构获得的非零系数是一样的，此时，重建图像的质量应设置为字典学习算法性能的指标。实验中，当设置为"误差"模式时，对比实验结果以稀疏度为指标；当设置为"稀疏度"模式时，对比结果以峰值信噪比（PSNR）为指标。

同波段时间序列实验：考虑到遥感影像系列在时间上具有紧密的联系，本节针对时间序列上的多幅遥感影像进行测试。遥感图像序列在时间上的采集间隔一般为几天到十几天甚至更长。遥感图像时间序列上的信息主要包括两种：一种是地物属性的变化，主要为气候或者季节变化等自然变化；另一种是地物种类的变化，这类变化通常是人为引起的（如城市扩展、森林砍伐等）。第一种物候变化一般不会改变图像物体的结构轮廓，而第二种变化会使图像中物体的结构、轮廓、纹理等发生变化。本节算法在训练字典过程中不仅保留了对不变信息的表示能力，而且不断对新添信息进行训练，获取变化的信息的表示能力。关于时间序列遥感图像的测试数据我们选择了 1991 ~ 2002 年第 5 波段上的 8 幅遥感影像。分别是 1991 年、1992 年、1994 年、1996 年、1997 年、1998 年、2000 年、2002 年每年一幅，如图 3-1 所示。

从图 3-1 中的 8 幅遥感影像图可以看出，时间序列的遥感数据在很多结构上是相似的，仅 2000 年的影像因云的影响差异较大，本节将此 8 幅测试图分别标号为 1 ~ 8。实验在"误差"和"稀疏度"两种模式下进行，该实验中本节算法在两种模式下的主要参数设置如表 3-1 所示。

经上面的参数设置，本节的 IK-SVD 算法在两种模式下均训练得到含有 600 个原子的字典。为了实验的公平，其他两种经典算法（ODL 和 RLS-DLA）也设置相同训练条件及原子个数，如表 3-2 所示。

在"误差"模式下，算法控制的稀疏分解中误差为 10，本节算法的整体外围稀疏度阈值为 0.5，即如果字典对新样本稀疏表示后，平均稀疏度超过 0.5 就对新样本训练原子并添加到字典中。本节算法和其他两种算法在如上参数设置下训练的字典如图 3-2 所示。

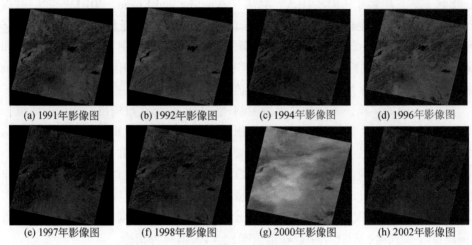

| (a) 1991年影像图 | (b) 1992年影像图 | (c) 1994年影像图 | (d) 1996年影像图 |

| (e) 1997年影像图 | (f) 1998年影像图 | (g) 2000年影像图 | (h) 2002年影像图 |

图 3-1　时间序列测试图像

表 3-1　在两种模式下算法参数设置

模式	内部控制	外部控制	新添原子数	原子大小	抽取样本块数
error	10	0.5	120	8×8	80 000
sparsity	3	4.5	120	8×8	80 000

表 3-2　其他两种算法在两种模式下参数设置

模式	控制条件	字典原子个数	原子大小	抽取样本块数
error	10	600	8×8	80 000
sparsity	3	600	8×8	80 000

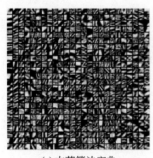 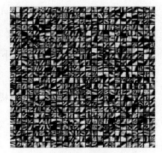 

| (a) 本节算法字典 | (b) ODL字典 | (c) RLS-DLA字典 |

图 3-2　"误差"模式下三种算法训练的字典

分别用三种算法训练的字典对测试数据进行重构，由于字典训练是"误差"模式，实验中重构算法 OMP 稀疏分解过程选择用误差控制，控制误差同样设置为 10，即平均像素点的误差不超过 10。三种字典对测试影像稀疏分解时产生的稀疏度见表 3-3，即每个 8×8 的图像块平均用的原子个数。由表 3-3 可以看出，本节的 IK-SVD 字典稀疏分解时产生的稀疏系数个更少，即能够用更少量的元素重建出同样精度的原始影像图。

表 3-3　三种字典稀疏分解的稀疏度

测试图编号	ODL	RLS-DLA	IK-SVD
1	1.231	1.500	0.733
2	0.748	0.839	0.446
3	1.137	1.422	0.663
4	1.556	2.052	0.938
5	0.123	0.114	0.082
6	1.198	1.515	0.707
7	0.152	0.096	0.083
8	0.050	0.043	0.032

从整体的差距上看，本节算法与其他两种算法的表示差距随样本的更新逐渐减小。这是因为本节算法的字典在训练过程中保留了对历史样本的表示能力，而其他两种算法随着新样本的添加更新字典中全部原子，影响了其对历史样本的原有的表示效果。

在"稀疏度"模式下，设置的每个 8×8 的图像块的重构原子数为 3 个，整体的外围误差阈值设置为 4.5，即平均每个像素点的误差。通过表 3-1 和表 3-2 的参数设置，三种算法训练的字典如图 3-3 所示。分别用三种算法训练的字典对

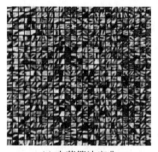 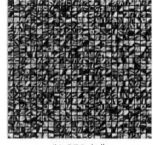 

(a) 本节算法字典　　　　　　(b) ODL字典　　　　　　(c) RLS-DLA字典

图 3-3　"稀疏度"模式下三种算法训练的字典

测试数据进行重构。对应训练字典时参数的设置，重构时设置重构的稀疏度为3，三种训练字典重构结果的 PSNR 见表3-4。

表 3-4　三种字典的重构 PSNR

测试图编号	ODL	RLS-DLA	IK-SVD
1	32.264	31.516	34.651
2	34.073	33.369	36.357
3	32.628	31.878	35.231
4	31.214	30.485	33.685
5	38.303	37.624	40.480
6	32.350	31.560	34.828
7	40.921	41.325	42.970
8	40.065	39.390	42.254

　　观察表 3-4 中三种训练字典对原始测试图的重构 PSNR，显然本节的 IK-SVD 算法训练的字典对测试影像的重构精度更高，整体上本节的 IK-SVD 字典的重构 PSNR 比其他两种字典高 2~3dB。同样，IK-SVD 算法的字典对历史样本的重构能力较其他两种字典更强，保留了更多不同的信息。

3.1.1.2　有监督特征学习

　　有监督特征学习的主要目的在于从有标签的数据中学习用于表达数据的特征。有监督特征学习包括神经网络、多层感知机、有监督的流形学习、有监督字典学习等。在计算机视觉领域，深度卷积神经网络（convolutional neural networks，CNN）是最具代表性且最常用的深度学习方法。CNN 中的卷积层、全连接层等隐含层都是特征学习的典范，一般来说 CNN 的训练过程都要考虑数据标签，那么学习 CNN 的隐含层参数的过程也就是典型有监督特征学习。CNN 已经广泛应用到遥感图像的分类、分割、变化检测等方面。一个典型的 CNN 模型结构通常是由实现不同功能的层次级联组成，CNN 结构主要包括卷积层（convolutional layer，简称 Conv）、池化层（pooling layer，简称 Pool）以及全连接层（fully-connected layer，简称 FC），如图 3-4 所示。

（1）卷积神经网络的基本结构

　　1）卷积层：卷积层使用一组滤波器（也可称为卷积核或网络权重）与输入特征图进行卷积可以得到输出特征图。输出特征图上的每个元素是通过该元素在输入数据相应的局部区域与滤波器进行点积运算而获得。一般来说，卷积层的滤波器以固定间隔（stride）遍历输入数据上的空间位置，在每个空间位置计算滤

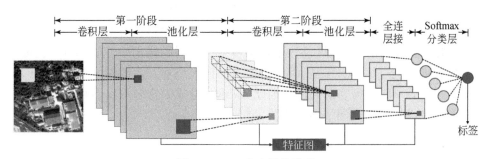

图 3-4　CNN 基本结构模型

波器与输入数据局部区域的点积，最终得到输出的特征图。输出特征图后往往会紧跟一个非线性激活函数（常用激活函数为 Rectified Linear Units，ReLU 等）。卷积层操作可视为对图像层次化的特征提取，它采用了权值共享的方式，将同一卷积核用于特征图的不同位置，这极大精简了卷积层的参数，有利于减轻网络模型过拟合。

2）池化层：池化层的目的是实现对输入特征图空间维度的降采样。通过计算池化区域的最大值或平均值，并以固定间隔滑动池化窗口，进而输出一个较小尺寸的特征图，降低了特征图空间分辨率。

3）全连接层：一般在经过若干层卷积层和池化层之后，产生的特征图会输入全连接层中。全连接层中每个神经元与前面一层的神经元全部连接，最后一层全连接层通常为 Softmax 分类层，用于计算输入图像中每个类别的概率。全连接层理论上既可以在 CNN 的开始端也可以在尾端，可以视为连接网络特征与分类器的重要过渡方式。

训练隐含层的过程就是有监督特征学习的过程。通常，CNN 以前馈方式将输入图像从原始像素值最终转化为特征向量再到类别概率。其中常用的优化方法是随机梯度下降训练 CNN 模型参数，网络训练过程中关于参数梯度的计算利用反向传播算法（backpropagation，BP）来实现。

（2）常见的深度卷积神经网络模型

1）AlexNet 模型（Engan et al.，1999）：AlexNet 是由 Alex Krizhevsky 等构建的具有开创性的深度 CNN 模型，在 2012 年 ImageNet 大尺度视觉识别挑战赛（ImageNet Large Scale Visual Recognition Challenge，ILSVRC）中取得了优异成绩。与早期 CNN 模型相比，AlexNet 包括了 5 个卷积层和 3 个全连接层。整个网络包含约 6000 万个参数，网络在包含 1000 个种类共 120 万张标注图像的 ImageNet 数据集上训练完成。AlexNet 突出的分类性能与一些实用的训练技巧紧密相关，如 ReLU 非线性单元、数据增强以及 dropout 等。ReLU 为一个简单的非线性函数

$f(x) = \max(x, 0)$，可以大幅度加快训练过程；数据增强通过从原始图像中剪裁、翻转等操作产生更多的训练数据，是一种有效减弱模型过拟合的方法；在全连接层中使用 dropout 技术（训练过程中随机将全连接层的输出响应置为 0）也可以在一定程度避免过拟合。正是 AlexNet 取得的巨大成功，才使深度卷积神经网络在计算机视觉领域获得普遍关注，因此 AlexNet 也成为众多深度卷积神经网络模型的参考基准模型。其网络结构如图 3-5 所示。

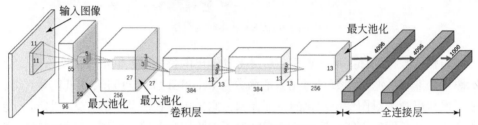

图 3-5 AlexNet 网络结构示意

2）VGGNet 模型（Simonyan and Zisserman, 2014）：VGG 网络模型的特点在于结构规整，通过反复堆叠 3×3 的卷积，卷积核数量逐渐加倍来加深网络。为了评价不同 CNN 模型的分类性能，构造了三个不同网络结构的 CNN 模型，分别探讨了模型在性能和计算速度上的平衡性。

VGG-M：此模型第一层卷积层中所采用的卷积间隔和池化尺寸较小；为了平衡计算速度，在第四层卷积层中使用的滤波器数量更少。

VGG-F：此模型与 AlexNet 在结构上较相似，主要区别在于，在某些卷积层中采用的滤波器数量更少，并且卷积间隔更小。

VGG-S：该模型是一个简化的 OverFeat 模型，它保留了原始 OverFeat 模型中前五个卷积层，并在第五层卷积层上使用数量更少的滤波器。与 VGG-M 相比，第二层卷积层上采用更小的卷积间隔，以及在第一层和第五层后上使用更大的池化尺寸。

3）GoogleNet 模型（Szegedy et al., 2015）：GoogleNet 网络模型由谷歌团队研发，并在 2014 年 ILSVRC 比赛中获得冠军。GoogleNet 网络结构当只计算带有参数的层时，网络有 22 层深度（如果计算 pooling 池，则为 27 层），由 9 组 inception 模块线性堆叠而成，用于建造网络的层（独立构建块）的总数约为 100 层。GoogleNet 还加入两个辅助分类器来防止网络中间部分"梯度消失"，本质上对两个 inception 模块的输出执行 Softmax，并计算对同一标签的一个辅助 loss 值，其中辅助 loss 函数只在训练中起作用。Inception 架构的主要思想是找出卷积视觉网络中最优的局部稀疏结构是如何被容易获得的密集分量所近似与覆盖的。

inception 模块会并行计算同一输入映射上的多个不同变换，并将其结果连接到单个输出，可以视为在水平方向上加深了网络。

4）ResNet 模型（He et al., 2016）：ResNet 在 2015 年被提出，在 ImageNet 比赛 classification 任务上获得第一名，因为它"简单与实用"并存，之后很多方法都建立在 ResNet50 或者 ResNet101 的基础上完成的。大部分视觉任务如检测、分割、识别等领域都纷纷使用 ResNet。Alpha zero 也使用了 ResNet。ResNet 主要解决梯度发散的问题。随着网络的加深，出现了训练集准确率下降的现象，但这不是由 Overfit 过拟合造成的，所以作者针对这个问题提出了一种全新的网络，它允许网络尽可能加深。ResNet 提出了 identity mapping 和 residual mapping，如果网络已经到达最优，继续加深网络，residual mapping 将被 push 为 0，只剩下 identity mapping，这样理论上网络一直处于最优状态了，网络的性能也就不会随着深度的增加而降低了。ResNet 使用了一种连接方式"shortcut connection"，跨越连接网络结构。事实上，ResNet 并不是第一个利用跨越连接的模型，Highway Network 就引入了门控快捷连接。这些参数化的门控制流经捷径（shortcut）的信息量。类似的想法可以在长短期记忆网络（LSTM）单元中找到，它使用参数化的遗忘门控制流向下一个时间步的信息量。ResNet 可以被认为是 Highway Network 的一种特殊情况。实验结果表明，ResNet 结构能够达到很深的层次，而具有很好的特征学习能力。

3.1.2 高质量的训练数据集和测试数据集的建立

遥感大数据时代信息挖掘最突出的表现是以数据驱动模型代替了原理驱动模型，这使众多的遥感应用都很重视对数据收集、整理、标注、组织和增强等方面的研究，数据本身在驱动模型的过程中发挥着决定性作用。以深度学习为代表的机器学习算法本质上是采用监督学的方式，通过大量样本数据驱动深层的神经网络来学习当前任务的本质特征，并据此获得对新任务进行预测和判断的能力。因此，具有属性标记的样本数据集是其取得成功的决定性因素之一。传统的计算机视觉领域经过多年的发展已经构建了以 ImageNet 为代表的众多自然图像样本库。在遥感领域，研究者们也已经构建了一些用于目标检测（Razakarivony and Jurie, 2015；Zhu et al., 2015；Liu et al., 2017；Xia et al., 2018）和图像分类（Cramer, 2010；Xia et al., 2010；Zou et al., 2015；Campos-Taberner et al., 2016）的标记样本库。高质量的样本库是支持深度学习在遥感领域的发展必要条件。

遥感成像与自然图像在诸多方面都有较大的不同。与地面拍摄的小场景自然图像相比，遥感图像具有成像范围大、尺度效应明显、观测角度差异大、干扰因素众多、空间位置特征突出、电磁波特性差异大，以及所有地物都具有明确地理学环境背景等特点。地表场景的复杂性、成像条件多变性与成像载荷多样性给遥感图像样本数据库的建立带来了挑战。首先，遥感大场景成像的特点也决定了遥感图像内会包含分布复杂的多种地物类型，同一类地物在不同成像条件下的特征可能存在部分差异，并且具有十分明显的尺度效应；其次，不同光照条件、大气参数都会对遥感图像特征产生影响，在不同季节、不同纬度的光照条件下，同一地物在同一遥感器获取的数据中可能表现出具有差异性的光谱辐射特征，同一地物由于天气条件的不同，成像特征也会产生明显变化；另外，卫星、飞机、飞艇等不同平台搭载的遥感器在波段设置、空间分辨率、信噪比、成像角度等方面的参数也千差万别，遥感器在轨服役期间的成像性能也同样会随着时间的推移而下降。计算机视觉领域中只记录自然图像及其类别属性信息的样本数据集，显然已无法满足基于深度学习在遥感图像信息提取和应用两方面的需求，应该发展记录目标对象或土地类型的样本标记数据、图像元数据及其地理学属性、背景和其他关联大数据信息的遥感知识库。

遥感大数据为人工智能发展提供了基础资源，人工智能技术的核心就在于通过计算找寻大数据中的规律，对具体场景问题进行预测和判断。想要训练出成功的人工智能算法，需要运算力和大量的数据，其中最重要的就是数据量要足够大。除了数据量足够大外，大数据还需要通过采集、清洗、标注等处理工作才能作为人工智能算法模型训练的输入，但目前在遥感的实际应用中，遥感数据，特别是高分辨率遥感数据流通不畅、数据质量和数据安全风险等问题仍然极大制约着遥感数据智能的发展和应用。

然而，当前的 AI 不得不依赖于数据，在某种场景下，如果输入数据本身是不全面的、不正确的、有偏差或扭曲的，那么 AI 系统将存在巨大风险（Simonite，2018）。也就是说，如果 AI 系统依赖于有偏差的训练数据，那么将产生有偏差的结果（Killer，2017）。因此，没有可信赖的大数据，就很难实现数据智能。来自数据工程中的可信赖的数据就显得非常重要。正如 ImageNet 数据对计算机视觉领域的研究起到了显著的推动作用一样，遥感数据智能领域的研究也急需建立起一整套公用的大规模、高质量的训练数据集和基准测试数据集。一旦有了丰富的训练数据，遥感数据智能领域的很多研究，诸如自动分析、典型目标识别、可视化推荐等，将可能迅速得到发展。当前，深度学习已经渗透到遥感数据处理的各个方面。相对其他领域而言，遥感数据的获取代价更大，而且样本标注过程也面临更多的困难。训练数据的缺乏或不完整、不全面，极大地影响了人工智能、深度学习等技术在遥感数据智能领域的进一步应用。

为此，本节主要涉及两个方面的问题：首先，大量的无标签数据相对容易获得，标注遥感数据的过程是十分困难且代价高昂，那么海量的无标签数据中有哪些数据是最应该被优先标注的，也就是样本标注策略问题；其次，由于各种因素的影响，我们对数据的需求总是要超过数据获取的速度，那么如何根据遥感观测的特点用现有的数据再生成一定数量的数据来扩充样本数据集，也就是数据增强问题。下面将重点阐述这两方面的研究。

3.1.2.1　样本标注策略

样本的标注策略是提高数据利用效率的重要途径。机器学习中需要大量的标记样本进行训练，然而样本的标注耗时且需要大量劳动力。因此，遥感领域同样存在未标注样本过多，而有标注数据较少的情况。理想情况下，无监督学习不需要标记样本，并且运行速度快，但在实际应用中，直接使用无监督学习仍然较难处理大部分遥感数据挖掘的问题。因此，在针对无标签数据中到底哪些是应该进一步被标注这个问题发展了相应的样本标注策略的研究，传统机器学习领域称之为"主动学习"。

与主动学习相对应的为被动学习。被动学习在建立模型时，是无选择的顺序接受样本进行训练，被动学习需要有足够多的样本才能获得效果较好的分类器。与被动学习不同的是，主动学习算法是一个人机交互的过程，首先使用采样策略选择未标记的样本，并且将未标记的样本交由标注者（专家）标记，再使用分类器训练，然后再重复上述过程。这种循环的算法可以有效选择样本，提高分类器的分类精度，增强分类器的泛化能力。与被动学习相比，主动学习可以使用更少的样本进行分类器的训练和拟合。

主动学习算法是一个迭代循环训练过程，由两个模块组成：①训练模块。训练模块的工作是使用标记的样本集训练分类器，若精度满足要求，则输出；若精度不满足要求，则继续下一模块的工作。②筛选模块。这是主动学习算法的核心部分。这部分工作是使用不同的筛选策略来过滤未标记的样本集，筛选一些重要的样本，用手动进行标记，之后将新标记的样本添加到标记的样本集中，然后训练模块将重新训练更新的标记样品组。该模块的目的是在减少样本集内样本数量的同时提高分类器的泛化能力。

主动学习算法的迭代过程：①将一小部分标记数据创建为训练集，并使用训练集训练分类器；②使用分类器对未标记的数据进行分类和预测。若精度满足要求，则输出；若精度不满足要求，则使用筛选模块分析样本的信息量，并选择一些未标记数据由专家进行标注，将标记后的样本添加到训练集，重新训练分类器，然后继续下一次迭代。由于筛选模块是主动学习算法的核心模块，而采样策略是筛选模块中的核心策略，因此采样策略决定了主动学习算法效果的好坏。下面将重点放在筛选策略的讨论上，通过结合半监督学习、聚类分析、集成学习等方法，设计适用于遥感影像分类器的筛选策略，利用合适的分类模型，达到使用小样本进行遥感图像分类的目标。

对于深度学习网络，众所周知需要大量的训练集进行训练，对于深度学习框架下的主动学习研究成为重要的研究方向。然而深度学习的模型较复杂，对于深度网络下的不确定性的研究也显得非常重要。

差额采样法（MS）（图 3-6）是目前针对 CNN 网络一种常用的主动学习方法，然而对于较复杂的 CNN 结构，以及更多类别标签的数据集，MS 法在一定程度上存在着缺陷——只考虑了两个最大概率的类别标签，忽略了其他类别标签。因此，这里使用信息熵来表示样本的不确定性。信息熵（information entropy，IE）是由 Shannon 于 1948 年提出的，是一个用来衡量信息量的概念。我们使用信息熵作为评判样本不确定性值的标准，在概率分布的不确定性和某些条件约束下，信息熵对每个样本所有的概率分布进行统计，从而计算出样本的信息量，判断其对分类器的重要程度，公式如下：

$$H(x) = H(p_1, \cdots, p_n) = -\sum_{i=1}^{n} p_i \ln p_i \tag{3-1}$$

式中，x 表示任意一个样本；p_1，$\cdots$，p_n 表示样本 x 对应的每个标签的概率值。从式（3-1）中可以看出，熵的值越大，表示该样本的不确定性越高。

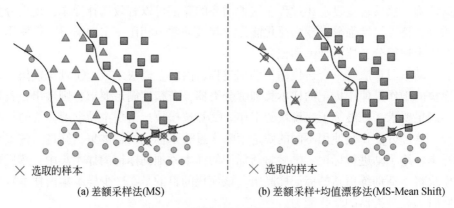

(a) 差额采样法(MS)　　　　　　　(b) 差额采样+均值漂移法(MS-Mean Shift)

图 3-6　不同方法选取样本的差异

圆点、三角和方块分别代表不同的类别。曲线代表分类器的超平面

由于普通的信息熵的方法在分析样本的时候还不够全面，因此我们加入了基于密度的聚类方法，可以有效分析样本的代表性。具有噪声的基于密度的聚类方法（density-based spatial clustering of applications with noise，DBSCAN）（Borah and

Bhattacharyya，2004；Ester et al.，1996）是一种典型的基于密度聚类算法，与 *K*-means、Meanshift 等聚类方法相比，DBSCAN 可适用于凸样本集和非凸样本集，大大扩宽了适用范围，因此更适合大数据量的训练集。

DBSCAN 方法的原则是假设类别可以通过样本分布的紧密度来确定，即紧密连接的为相同类别的样本，也就是说，在距离样本比较近的区域存在同类别的样本。通过将紧密连接的样本分类为一个类，获得聚类类别。通过将所有密切相关的样本分类到不同的类别，得到所有群集类别的最终结果。

DBSCAN 的聚类原理是通过密度关系获得的最大密度连接的样本集即最终聚类的类别。DBSCAN 的每个聚类类别里面可以有一个或者多个核心对象。如果只有一个核心对象，则聚类中的其他非核心对象样本位于核心对象的 ϵ 邻域中；如果有多个核心对象，则聚类中任何核心对象的 ϵ 邻域中必须存在另一个核心对象。

DBSCAN 算法的优点主要有以下几点：①DBSCAN 算法可对任何数据集进行聚类，包括凸数据集和非凸数据集，而 *K*-means 等算法仅能对凸数据集进行聚类；②可以在聚类的同时找到异常点，并且对数据集中的异常点不敏感；③数据的初始值对聚类结果影响较小。DBSCAN 的主要缺点如下：①如果使用的样本集分布不均匀或者是聚类间距相差很大，会导致聚类效果较差；②对于大数据量的样本集，聚类收敛时间较长，比较耗时；③调参过程比较复杂，主要需要对邻域参数进行（ϵ，MinPts）联合调参，不同的参数组合会得到差异很大的聚类结果。

上述提到的边缘采样法（MS）的主动学习算法在高光谱数据和浅层分类器中取得了较好的应用效果。然而针对庞大数据量的高分辨率遥感影像，以及训练更加复杂的深度学习分类器，卷积神经网络、MS 方法只考虑了前两个最大概率的类别概率，忽略了很多其他的信息。因此在计算样本的不确定值的时候，使用了信息熵的方法。信息熵的方法计算方便，对于整体算法增加的时间消耗不多。通过对信息熵的计算，可以选择出不确定性较高的样本。然而，单纯考虑样本的不确定性，通过不确定性判断样本的信息量，这种方法容易因为训练器的欠拟合导致选择的样本过于集中，从而导致出现样本集中、分布不够均匀，对分类器造成影响。

因此，我们在此方法中加入了 DBSCAN 方法。该方法基于密度对样本进行聚类，可以发掘每个样本之间的相关关系。这里，使用 DBSCAN 方法来判断样本之间的相关性。对于相关性较高的样本，可以选择去掉部分相似的样本，保证所选的样本分布均匀且所含的信息量最大。由于 DBSCAN 方法在针对大数据时收敛时间较长，较耗时，而高分辨率遥感影像的训练集和测试集的样本基数均较大，在每次主动学习算法中均加入聚类的算法。同时也没有必要对数据集进行多次聚类，这是由于 CNN 网络数据的样本量较多，选择的初始样本以及每次迭代选择的样本数量均较多，因此，在对数据进行聚类时，效果差距不大。影响 DBSCAN 方法聚类效果的参数为（ϵ，MinPts），为保证后续在筛选样本时，不出现所有的不确定性样本均聚集在某一个聚类中的情况，可适当减小 ϵ 和 MinPts 的值。通过该方法即可以分析样本的代表性，同时对于算法整体的复杂度和时间消耗均不会增加太多。在以上前提下，我们每次在使用信息熵的方法都会选择部分不确定性值较高的样本，分析其在 DBSCAN 方法聚类后的分布，并每次优先选择不在同一个聚类中的样本，对同一个聚类中的样本则优先选择不确定性较高的样本。

算法的具体步骤如下：首先标记少量的训练集，使用 CNN 网络训练，获得 CNN 网络的参数；然后使用 CNN 网络训练所有样本并输出完全连接层获得的特征；使用 DBSCAN 方法对验证集样本的特征进行聚类，获得每个聚类中心及其包含的点；使用信息熵法对验证集的样本进行不确定性值计算，筛选部分信息量高的样本；对筛选出的样本的聚类类别进行分析，对于每个聚类簇，将该簇中包含的样本中的不确定性值较低的样本去除，去除样本的数量为该聚类中所有不确定样本数量的一半；剩下的样本视为所选择的信息量较高的样本；手动标记所选的样本，然后将其添加到训练集中以重新训练网络参数，进行循环；循环终止条件为测试精度达到要求。具体的选择样本流程（单次）如下。

输入：训练集 $\boldsymbol{B}_T = \{(y_{i_r}, x_{i_r})\}_{r=1}^{u}$，待标记样本集 $\boldsymbol{X}_V = \{x_{i_r}\}_{r=1}^{l-u}$，DBSCAN 参数（$\epsilon$，MinPts）。

1）使用 CNN 分类器训练 $\boldsymbol{B}_T$，获取分类器参数。

2）使用 DBSCAN 方法对样本的特征进行聚类，获得聚类划分 $C = \{c_1, c_2, \cdots, c_k\}$。

3）使用分类器对 $\boldsymbol{X}_V$ 进行预测，得到 $\{(\hat{y}_{i_r}, x_{i_r})\}_{r=1}^{l-u}$。

4）针对每一个样本，根据 $\{(\hat{y}_{i_r}, x_{i_r})\}_{r=1}^{l-u}$，使用信息熵法计算其不确定性值 $\hat{\theta}_{i_r}$。

5）按照 $\hat{\theta}_{i_r}$ 值升序排序 $\{\hat{\theta}_{z_r}\}_{r=1}^{l-u}$，对应的标签为 $\{z_r\}_{r=1}^{l-u}$，选择前 $2 \times q$ 个样本，$\boldsymbol{X}_{\text{IE}} = \{x_{z_r}\}_{r=1}^{2 \times q}$。

6）对于 DBSCAN 训练出来的每个聚类，选择每个聚类中 $\hat{\theta}_{i_r}$ 值较高的部分的样本放入 $\boldsymbol{X}_{\text{IE-cluster}}$，所有 q 个选定的样本。$\boldsymbol{X}_{\text{IE-cluster}} = \{x_{i_s}\}_{s=1}^{q}$。得到 $\boldsymbol{B}_{\text{IE-cluster}} = \{(\hat{y}_{i_s}, x_{i_s})\}_{s=1}^{q}$。

7）更新 $\boldsymbol{B}_T$ 和 $\boldsymbol{X}_V \cdot \boldsymbol{B}_T = \boldsymbol{B}_T \cup \boldsymbol{B}_{\text{IE-cluster}}$；$\boldsymbol{X}_V = \boldsymbol{X}_V - \boldsymbol{X}_{\text{IE-cluster}}$。

单次，所以没有设置循环。

如果需要可以增加如下步骤。

8）如果满足条件则终止，否则回到步骤1）。

本节提出的算法步骤如图3-7所示。

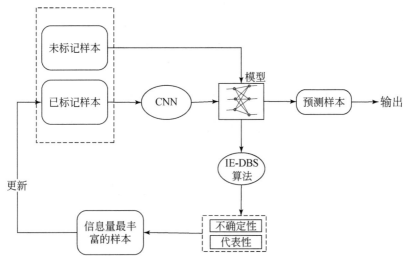

图 3-7　本节提出的算法步骤

这里，使用了高分辨率遥感数据集 NWPU-RESISC45 作为实验数据。首先，设置批处理参数（batch size）为64；C1层卷积层，卷积核为5×5，步长为1；S2层为下采样层，使用最大采样法进行下采样，核为2×2，步长为2；C3层为卷积层，卷积核为5×5，步长为1；S4是下采样层，使用最大采样法进行下采样，核为2×2，步长为2；C5层为卷积层，卷积核为5×5，步长为1；F6层为全连接层。对于采样方法，我们使用了四种选择样本的方法进行实验，即随机采样（RS）、差额采样法（MS）、信息熵法（IE）和 DBSCAN 算法改进的信息熵法（IE-DBS）。使用的数据集共有45个类别，本次实验中我们选择其中10个类别进行实验，即 airplane、beach、chaparral、dense residential、forest、freeway、island、sea ice、ship 和 terrace，也就是说共有样本数为 700×10 幅。设置训练集为2100，我们设置卷积网络每训练 500 次进行一次主动学习选择样本，每次主动学习选择100个样本，初始训练集使用随机采样的方法选择。

表 3-5 显示了不同采样方法在样本数为2200、2400、2600和2800时的测试精度。图 3-8 显示了对应的曲线。可以看出，使用 2100 个样本进行训练模型时，初始精度为 67.90%，并不是很高。在经过选择一次样本后，所有方法的精度都得到了很大的提高，其中精度最高的是 IE-DBS 方法，最低的是 MS 方法，主动学习中的 MS 方法比随机采样的 RS 方法还要低 0.4% 左右。而样本数为 2400 时，

可以看出算法的精度均提高不多，此时仍然是 IE-DBS 方法的精度最高，但此时主动学习采样方法与随机采样的方法相差并不是很多。在样本数为 2600 及之后的迭代中，结合曲线可以看出所有方法的精度几乎没有波动，每种方法的精度都稳定了下来。根据曲线可以分析出四种采样方法，效果从好到差的排序为 IE-DBS、IE、RS、MS。从以上结果可以看出，主动学习采样方法中，比较适合CNN 网络的为 IE-DBS 和 IE，而 MS 方法虽然在浅层模型中取得了较好的效果，但是对于深度网络的效果并不是很好。

表 3-5　不同采样方法在不同样本数量时的总体精度值

样本数	RS/%	MS/%	IE/%	IE-DBS/%
2200	75. 11	74. 73	76. 03	77. 80
2400	77. 19	75. 71	77. 30	78. 96
2600	77. 57	76. 99	78. 57	81. 06
2800	77. 77	77. 30	79. 04	81. 10

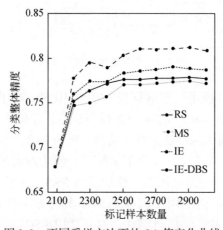

图 3-8　不同采样方法下的 OA 值变化曲线

3.1.2.2　遥感数据样本增广

众所周知，数据集的规模越大越好，质量越高越好。由于目前标注数据集工作大部分仍由人工操作，标注过程极其烦琐且耗费大量的时间与人力，这就使得带标签的数据集样本比较少。在实际应用中，如果数据量过少就很难体现出深度学习算法的优势，往往会造成所获得的模型过拟合或者网络无法收敛（Shi et al.，2018）。就遥感图像分类而言，数据集的稀少会造成训练时间较长、不容易收敛、分类模型泛化能力不理想，以及最终分类结果精度不高等问题。除了主动学习策略，在数据集有限的情况下，还可以通过数据增强（data augmentation）方法来扩大数据集规模。数据增强是通过转换训练数据来生成样本的过程，目的是提高分类器的准确性与鲁棒性（Fawzi et al.，2016）。简单来说，数据增强就是从已有样本中生成更多的样本。作为扩充数据样本规模的有效方法之一，数据增强得到越来越多研究者的青睐。

国内外学者围绕数据增强进行了大量的研究，根据算法思路的不同可以大体分为两类，即无监督的数据增强方法和有监督的数据增强方法。

（1）无监督的数据增强方法

无监督数据增强意味着增强方法与数据标签无关。无监督的数据增强包括以下几类。

1）翻转：对图像进行水平方向翻转处理，由于处理起来较简单，因此应用较多。

2）缩放：对图像进行缩小或放大操作。

3）平移：将图像进行上、下、左、右移动。

4）加噪：向图像中每个像素的 RGB 通道添加随机扰动（噪声）。常用的噪声是高斯噪声。

5）PCA 抖动：对图像进行 PCA（主成分分析）操作得到主要成分，然后将其添加到具有高斯干扰的原始图像上以生成新的图像样本（Krizhevsky et al.，2017）。

Alex 等就使用了随机裁剪、水平翻转来进行数据增强。无监督数据增强转换的前提是不改变图像样本的标签，并且只局限于图像领域。这种基于几何变换和图像操作的数据增强方法可以在一定程度上缓解分类模型过拟合的问题，提高泛化能力。但是相比原始数据而言，增加的数据点并没有从根本上解决数据不足的难题；同时，这种数据增强方式需要人为设定转换函数和对应的参数，一般都是凭借经验知识，最优数据增强通常难以实现，所以模型的泛化性能只能得到有限的提升（张晓峰和吴刚，2019）。除了以上的基于几何变换和图像操作的数据增强方法，还有聚类算法，如刘凯品等（2017）提出的基于 *K*-means 聚类算法的数据增强方法用于 SAR 图像目标识别，等等。

（2）有监督的数据增强方法

与无监督数据增强不同，有监督的数据增强方法与数据样本的标签有关。有监督数据增强方法可以分为以下几类。

1）基于生成对抗网络（generative adversarial networks，GAN）的数据增强：GAN 由生成器和鉴别器组成，输出只有一个，为数据的真假概率，它可以生成与真实数据集的分布相匹配的视觉逼真的图像（Shi et al.，2018）。Mirza 和 Osindero（2014）提出的条件对抗网络（conditional-GAN），它是在 GAN 的基础上，又加入了类别信息，因此可以生成指定的类别数据；Odena（2016）提出了半监督学习生成对抗网络（semi-GAN），它在条件对抗网络的基础上增加了鉴别器个数，可以输出真实数据的分类个数，最后一个输出数据为假的概率；张晓峰和吴刚（2019）提出了数据增强生成对抗网络（DAGAN），除了使生成的样本与原始数据更加难分，还可以类间分类。虽然已有很多研究学者对 GAN 网络进行了改进，但依旧存在 GAN 网络较难训练的缺点。

2）基于度量学习（metric learning）的数据增强：Lu 等（2017）提出了一种基于度量学习的数据增强方法，用于环境声音分类。其思想为先从原始训练数据中学习一个度量，然后用它筛选出与同一类原始训练数据不同的数据增强样本。

3）基于可变噪声叠加（variable noise stack，VNS）的数据增强：Wu 等（2018）提出了一种基于可变噪声叠加的数据增强方法用于高压电缆局部放电模式识别。其思路为通过改变噪声正态分布的标准偏差可以得到不同的噪声水平，在获得不同的噪声水平后，通过将噪声与原始样本叠加就可以得到生成的数据增强样本。

4）基于卷积神经网络（convolutional neural network，CNN）的数据增强：Ben-Cohen 等（2018）提出了一种基于 CNN 的像素级分类的数据扩充方法，这种方法先使用一组现有标记切片训练分类器，再使用分类器对与标记切片相邻的未标记切片进行分类，然后这些切片就是新的数据增强样本；Li 等（2018）研究了一种基于深度 CNN 的高光谱图像分类的数据增强，其思想为在对现有像素块进行训练，将每个像素块与所有其他像素配对形成新像素块（PBP），再对其重新定义标签，当两个像素块为同一类时，标签不变，否则为零，这样就生成了新的样本。

5）基于合成少数类过采样技术（synthetic minority over-sampling technique，SMOTE）方法的数据增强（Chawla et al.，2002）：这种方法根据特征空间的分布规律，通过人工合成新样本进而进行数据增强，它所增加的样本点在特征空间中仍位于已知小样本点所围成的区域内，但在特征空间中，小样本数据的真实分布可能并不限于该区域中，在给定范围之外适当插值，也许能实现更好的数据增强效果。

下面以基于生成对抗网络（Goodfellow et al.，2014）进行数据增强为例，进行说明。

生成对抗网络的目的之一是训练生成器，使其能将一已知的先验分布（如高斯分布）映射到训练数据的复杂空间分布（如图像生成任务中的高维数据空间）中，换言之，使得生成器可以生成符合训练数据分布的数据。

对于一个基于 Sigmoid 的二分类器，其训练过程是一个最小化交叉熵的过程，一般损失函数见式（3-2）：

$$L(y,\hat{y}) = -\left[y\lg(\hat{y})+(1-y)\lg(1-\hat{y})\right] \tag{3-2}$$

式中，y 为样本标记；$\hat{y}$ 为模型输出。同样基于 Sigmoid 的判别器也是使用交叉熵来作为损失函数，见式（3-3）：

$$L_{\text{GAN}}(\theta_D,\theta_G) = -E_{x \sim P_{\text{data}}(x)}\left[\log D(x)\right] - E_{z \sim P_z(z)}\left[\log(1-D(G(z)))\right] \quad (3\text{-}3)$$

式中，x 为真实训练样本，服从某个真实的数据分布 $P_{\text{data}}(x)$，被标记为 1；z 为先验噪声，服从某一先验噪声分布 $P_z(z)$，被标记为 0；E 表示期望；$D(x)$ 为判别器；$G(z)$ 为生成器；θ_D 为判别器参数；θ_G 为生成器参数。这里在训练时与常规二值分类不同，判别器的训练数据来自真实数据与生成器模型由噪声生成的数据两个部分，分别被标记为 1 和 0，当生成器给定时，最小化式（3-4）来得出判别器的最优解：

$$D^* = \min_{\theta_D} L_{\text{GAN}} \quad (3\text{-}4)$$

真实数据分布往往是连续的，而并非像训练样本的数据那样离散，故考虑损失函数的连续形式可表示为

$$L_{\text{GAN}}(\theta_D,\theta_G) = -\int_x p_{\text{data}}(x)\lg D(x)\,\mathrm{d}x - \int_z p_z(z)\lg(1-D(G(z)))\,\mathrm{d}z$$
$$= -\int_x \left[p_{\text{data}}(x)\lg D(x) + p_G(x)\lg(1-D(x))\right]\mathrm{d}x \quad (3\text{-}5)$$

为求此形式下的极值，对于非零常数 $m>0$，$n>0$，与变量 $y \in (0,1)$，考虑式（3-6）形式的一般式：

$$m\lg y + n\lg(1-y) \quad (3\text{-}6)$$

此式在 $\dfrac{m}{m+n}$ 处取得极大值，故式（3-5）在式（3-7）处取得极小值，即判别式最优解为

$$D_G^*(x) = \frac{p_{\text{data}}(x)}{p_{\text{data}}(x)+p_G(x)} \quad (3\text{-}7)$$

由式（3-7）可知，模型中的判别器所估计的为真实数据分布与生成器数据分布的比值，当输入数据采样自真实数据时，判别器的目标是使输出概率值趋近于 1，而当输入来自生成数据时，其目标则相反，即使输出趋近于 0，同时生成器的目标则与判别器相反，当输入数据采样自真实数据时，使判别器输出概率值趋近于 0，而当输入来自生成器时，则使判别器输出趋近于 1，这实际上就是前文一个关于生成器和判别器的零和博弈。

在给定生成器 G 的前提下，已经得到最小化损失函数的 D，将此 D 代回到损失函数中，即将式（3-7）代入式（3-5）：

$$L_{\text{GAN}}(\theta_D,\theta_G) = -\int_x p_{\text{data}}(x)\lg\left(\frac{p_{\text{data}}(x)}{p_{\text{data}}(x)+p_G(x)}\right)\mathrm{d}x - \int_x p_G(x)\lg\left(\frac{p_G(x)}{p_{\text{data}}(x)+p_G(x)}\right)\mathrm{d}z$$

$$= 2\lg 2 - D_{\text{KL}}\left(p_{\text{data}} \parallel \frac{p_{\text{data}}(x)+p_G(x)}{2}\right) - D_{\text{KL}}\left(p_G \parallel \frac{p_{\text{data}}(x)+p_G(x)}{2}\right)$$

$$= 2\lg 2 - D_{\text{JS}}(p_G \parallel p_{\text{data}})$$

$$(3\text{-}8)$$

式中，D_{KL} 表示交叉熵（Kullback-Leibler divergence）；D_{JS} 表示 JS- 散度（Jensen-Shannon divergence），又称 JS-距离。$D_{JS}(Q \parallel M)$ 就表示两个分布 Q 与 M 之间的差异，故对抗式生成网络的优化问题是一个最大最小化问题，见式（3-9）：

$$G^* = \max_{\theta_G} \min_{\theta_D} L_{GAN} \tag{3-9}$$

训练过程中先固定生成器，调整判别器参数 θ_D，最小化 L_{GAN}，即最大化 $D_{JS}(p_G \parallel p_{data})$，使训练判别器使其能够区分其输入来自生成器生成的样本还是真实数据；然后固定判别器，调整生成器参数 θ_G，最大化 L_{GAN}，即最小化 $D_{JS}(p_G \parallel p_{data})$，以混淆真实数据使训练判别器不能区分其输入的"真实性"。

我们以薄云数据为例，使用对抗式生成网络的方法进行薄云信息的仿真（也就是增强或扩充）。此处对云雾数据增强目的在于得到与真实云雾有相似形态与厚度（即灰度值）的薄云信息图像，以便后续能够基于增强的数据辅助薄云的去除。

GAN 的传统模型已经可以生成一些比较不错的图像，但其模型的训练不够稳定，即在超参数的设置不是很合理的情况下，训练需要的时间往往更长，为此，使用一种改进方法 WGAN（Arjovsky et al., 2017）。WGAN 在传统模型的 Loss 函数中加入了额外的惩罚项，使得在一些超参数设置并不合理的情况下，WGAN 仍旧有着超过其他一些模型的表现，其损失函数见式（3-10）：

$$L_{WGAN} = L_{GAN} + L_{GP}$$
$$L_{GP} = \lambda \, E_{x \sim p_{penalty}} \left[\max(0, \parallel \nabla_x D(x) \parallel -1) \right] \tag{3-10}$$

式中，λ 为惩罚项系数；$p_{penalty}$ 为 x 服从的惩罚项的分布。

薄云信息图像描述的信息即薄云的形态与厚度，为训练这个模型仍需要相应的薄云信息数据集，即需要采集真实的薄云；由于地物的复杂性，在遥感图像中云雾信息的提取不是很容易；为简化问题，采取直接截取海洋上空的薄云图像作为训练数据集，海洋表面几乎不含任何复杂物体或纹理，故可以直接截取图像做数据集。这里选取了渤海、东海以及日本海等区域的 Landsat 5 的带有薄云图像作为薄云信息生成网络的训练数据集，其中 TM1 波段受云雾影响较大，故选用 TM1 波段作为训练图像，部分 TM1 波段如图 3-9 所示。

薄云信息生成的问题是一个从无到有的生成过程，与传统 GAN 的问题一致；如前文所述，拟采用 WGAN 的模型，该生成模型与一般 GAN 的模型别无二致，网络训练过程也与一般 GAN 网络训练相一致。这里生成器接收一个 8×8 噪声，经过若干反卷积模块后生成一尺寸为 256×256 的薄云信息得图像，将该图像作为判别器的输入，训练判别器区分该生成图像与真实薄云图像；此薄云生成网络详细结构设计如图 3-10 所示。

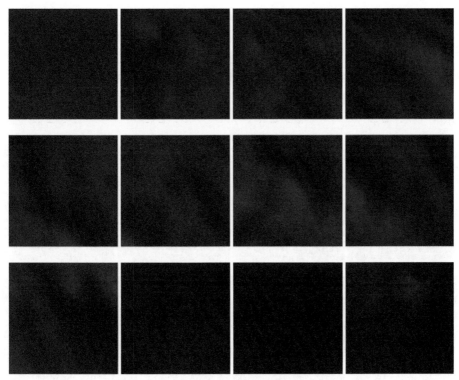

图 3-9　真实薄云信息数据集

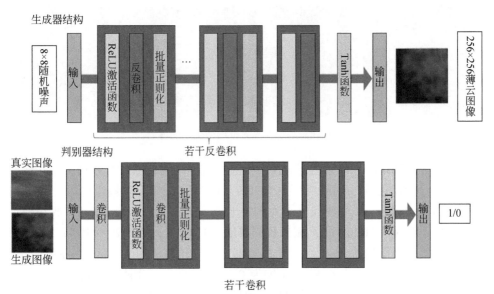

图 3-10　薄云生成网络结构图

该网络直接使用尺寸为 8×8 的随机噪声作为网络输入，经过 5 步长为 2 的反卷积操作，最后使用 Tanh 激活函数，输出一张尺寸为 256×256 的结果图，如图 3-10 所示，每个反卷积层之前都使用 ReLU 激活函数，除最后一层外每次卷积后都会进行 BatchNorm 操作。判别器类似，使用 LeakReLU 和 BatchNorm，最终使用 Sigmoid 激活函数。利用生成对抗网络可以生成更多的薄云数据如图 3-11 所示。

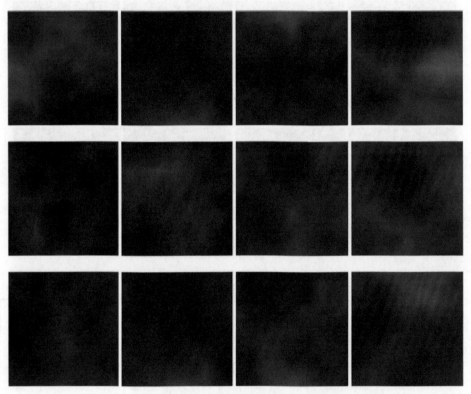

图 3-11　基于生成对抗网络生成的薄云

薄云去除网络的训练使用通过薄云信息生成网络制作的成对数据集，同样使用 Landsat 5 图像数据，时间跨度为 1999～2003 年，使用北京周边地区，截取 23 景图中清晰的部分，单张图像大小为 512×512，按照前文所示流程制作成对数据集，训练集数量为 10 820 张，测试数据数量为 1332 张，训练 20 个周期（每周期表示训练集所有图像迭代一次），生成器部分的优化算法为 AdamOptimizer，学习率均为 $1×10^4$，Beta1 为 0.5，Beta2 为 0.9，判别器部分使用 GradientDescent-Optimizer，其中三部分的损失随训练过程的变化图像如图 3-12 所示。

由图 3-12 不难发现，对抗生成网络拟合数据能力极强，在训练的第 2～3 个

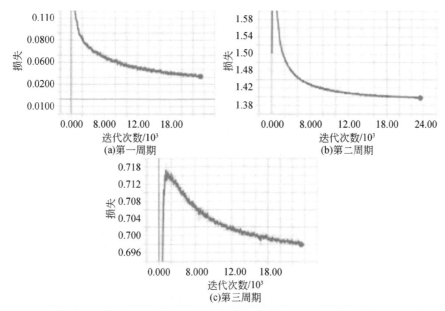

图 3-12　薄云去除网络训练过程损失变化图线（迭代次数–损失图）

周期内容损失即下降到一个非常低的值，其中 content_loss 已经低于 0.05，至最终稳定后，其效果如图 3-13 所示。训练完成后，将测试集的图像输入使用训练好的薄云去除网络的生成器，其输出效果如图 3-14 所示。

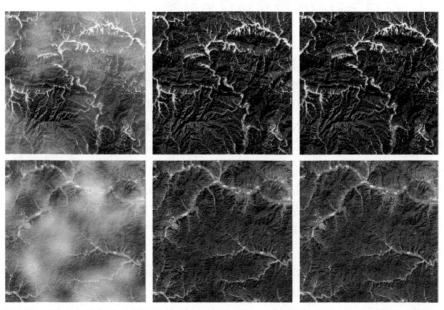

图 3-13　薄云去除网络在训练集上的效果（由左至右分别为输入、输出及真值参考图）

图 3-14　非对抗薄云去除网络在训练集上的效果（由左至右分别为输入、
输出及真值参考图）

3.1.3　应用牵引的遥感数据特定目标认知

随着空间、时间和光谱等分辨率的不断提高，遥感图像所包含信息的复杂度和数据量都急剧增加，在高分辨率大场景中进行目标自动检测对算法智能程度的要求越来越高。以深度学习为代表的智能算法在计算机视觉领域已经取得了突破性进展。当前，针对自然图像目标检测算法主要分为两种方式：一种是基于候选区域的目标检测算法，如 R-CNN（Girshick et al.，2014）、Fast R-CNN（Girshick，2015）、Faster R-CNN（Ren et al.，2015）及 SPP-Net（He et al.，2014）等，这类方法由于需要通过滑动窗口来产生预选窗口，计算量比较大，难以达到目标的实时检测；另一种是基于回归方法的目标检测算法，如 YOLO、YOLO2 和 SSD 等，这类方法使用了回归的思想来确定图像中目标边框以及类别，大大提高了目标检测速度。这些算法在对自然图像的目标检测中取得了成功，为遥感领域应用奠定了良好基础。

遥感图像场景和目标的复杂性使深度学习在遥感领域中的应用遇到诸多挑战，在过去几年里，众多学者在针对自然图像目标检测算法的基础上做了不同尝试和改进。前面的章节已经提到，手工特征是指基于设计专业研究人员的经验的特征，这类特征一般有显性的表达式。传统手工特征目标检测方法大致分为下面几种：①Haar 特征+Adaboost 算法（Viola and Jones，2001），它主要应用于人脸识别中。Haar 特征分为线性特征、边缘特征、中心特征和对角线特征。1995 年，Freund 和 Schapire 提出了 Adaboost 算法，这是对 Boosting 算法的一大提升，Adaboost 算法将多个弱分类器，组合成强分类器。其优点是泛化错误率低，无须参数调整；缺点是对离群点敏感。②Hog 特征+SVM 算法（Dalal and Triggs，2005），它主要应用于行人检测上。方向梯度直方图（histogram of oriented gradient，HOG）通过计算和统计图像局部区域的梯度方向直方图来构成特征。支持向量机（support vector machine，SVM）是一种二分类算法，通过最小化结构化风险来提高 SVM 的泛化能力，最后达到在统计样本量较少的情况下也能获得良好统计规律的目的。模型定义是特征空间上的间隔最大的线性分类器，即 SVM 的学习策略是使样本的间隔最大。SVM 算法的分类思想简单，使用的核函数可以解决非线性问题。虽然 HOG 特征结合 SVM 分类器已经被广泛应用于图像识别中，但是对大规模数据训练比较困难，无法直接支持多分类。DPM 算法（Felzenszwalb et al.，2010）进行了一些改进工作，相对于原来 HOG 特征采用了多个模型，对于目标的多视角问题采用多组件（Component）策略，主要被应用于行人检测中。

基于深度学习的图像处理能快速有效的学习图像特征。就区域推荐框而言，可大致分为两种：选择性搜索（selective search）和区域推荐网络（region proposal network，RPN）。候选区域是基于选择性搜索策略（Uijlings and van de Sande，2013）的方法，运用了基于颜色、纹理、形状、大小进行相似性度量，即使少量的推荐框依然能保持较高的召回率与准确率。后来，RPN 进一步减少了推荐框的数量，解决了图像的多尺度和长宽比的问题。特征提取也由人为设计特征提取变成 CNN 特征提取。2012 年，在 ImageNet 大规模视觉识别挑战赛上，AlexNet 网络结构把比赛分类 Top-5 任务的错误率降低到 15.3%，但是使用传统分类方法的 Top-5 任务错误率却是 26.2%（Krizhevsky et al.，2017）。此后，CNN 在图像分类任务中占据重要地位。微软研究院何恺明等提出的残差网络 ResNet（He et al.，2016），Top-5 错误率为 3.57%，而谷歌提出的 Inception-V4（Szegedy et al.，2017）模型的 Top-5 错误率降到了 3.08%。在应用方面，2014 年，Girshick 等使用区域推荐网络 RPN+CNN 代替传统手工特征目标检测的滑动窗口+手工设计特征算法，使得目标检测取得了重大突破。但是 R-CNN 存在重复计算、时间和空间代价高的缺点。同年，He 等提出 SPP-Net（SPP 指空间金字塔池化，spatial pyramid pooling），去掉了原始图像的缩放和裁剪操作，引入空间金字塔层，它不关心输入图像的尺寸或比例，对物体的形变有很好的鲁棒性，解决了 R-CNN 区域推荐时缩放和裁剪带来的偏差问题。2015 年，Ross Girshick 又提出了 Fast R-CNN 方法，引起空前轰动。此方法是在 R-CNN 的基础上采纳了 SPP-Net 方法，对 R-CNN 做了改进，使得性能进一步提高，解决了重复计算问题，使用一个感兴趣区域（region of interest，ROI）层，它的操作与 SPP 类似，但速度依然不够快；同年，Ren 等提出了后来被广泛使用的 Faster R-CNN 方法，Faster R-CNN 直接利用 RPN 来计算候选框，RPN 以一张任意大小的图片为输入，输出区域推荐框，每个区域推荐框对应一个目标分数和位置信息。Faster R-CNN 放弃了选择性搜索策略，引入了 RPN 网络，并在 RPN 中创新性地提出了锚点（Anchor）机制，具体就是在图像中固定一些锚点，以锚点为中心生成不同比例和不同尺寸共 9 种推荐框，然后让推荐框和真实目标框做回归。此外，Faster R-CNN 算法把区域推荐、分类回归一起共享卷积特征，这使得整个过程进一步加速。2017 年，Dai 等提出基于区域的全卷积网络 R-FCN（region-based fully convolutional network）算法，其主要贡献是在 ROI 池化前加入位置信息；2017 年，Lin 等提出了特征金字塔网络 FPN（feature pyramid networks）方法（Lin et al.，2017a），其主要思想是顶层特征通过上采样和低层特征做融合，每层独立预测，这样能利用低层特征高分辨率和高维特征的高语义信息。以上是基于区域推荐目标检测方法，除此之外，还有基于一体化网络检测的方法，如"你只看一眼"（you only look once，YOLO）（Redmon et al.，2016）和单次计算的多候选框检测器（single shot multibox detector，SSD）（Liu et al.，2016），上述两种方法无需区域推荐，YOLO 能把目标判定和目标识别合二为一，而 SSD 在保持 YOLO 高速检测的同时，精度也能提升很多，SSD 主要借鉴了 Faster R-CNN 中的 Anchor 机制。另外，2017 年，Lin 等提出了 Retina-Net 网络（Lin et al.，2017b），Retina-Net 本质上是由 ResNet、FPN 和两个 FCN 子网络组成，设计思路是网络结构选择 VGG、ResNet 等有效的特征提取网络。

3.1.3.1 基于 Faster R-CNN 的建筑物检测方法

（1）OHEM+Faster R-CNN 算法

经过 R-CNN、Fast R-CNN 的发展演化，2015 年，Ren 等提出了更加优秀的目标检测算法 Faster R-CNN。几年过去了，该算法依旧是当下目标检测领域的主流框架之一。后来提出的 Mask R-CNN 等改进框架目标检测精度虽有所提升，但依然不能撼动 Faster R-CNN 的学术地位。

Faster R-CNN 是基于 Fast R-CNN 的改进，它主要由 RPN 和 Fast R-CNN 两个部分组成。其创新之处就是把 Fast R-CNN 选择性搜索算法替换成 RPN 区域推荐网络，其中 RPN 和 Fast R-CNN 共享特征提取卷积层，使用的依然是区域推荐框+分类的思想。Faster R-CNN 整体流程跟 Fast R-CNN 一样，但是提出了 RPN

网络，并把 RPN 网络候选区域提取放到 GPU 上操作，并将特征抽取、推荐框提取、推荐框回归和分类都整合到一个网络中，使得网络模型变成端到端的检测。RPN 网络的核心思想是使用 CNN 产生推荐框，设计了一个锚点（Anchor）机制。锚点机制和边框回归可以得到多尺度多长宽比的区域推荐，RPN 需在最后的卷积层上滑动一遍。Faster R-CNN 把之前 R-CNN 和 Fast R-CNN 等算法的分离区域推荐框与 CNN 分类放到了一起，此算法无论在速度上还是在精度上都得到了很大的提升。同时，Faster R-CNN 提出的 RPN 提高了图像目标的召回率和准确率。与 Adaboost 算法中使用的滑动窗口以及 R-CNN 和 Fast R-CNN 算法使用的选择性搜索（selective search）方法生成区域推荐框相比，Faster R-CNN 使用的 RPN 生成区域推荐框，大大地提升了推荐框的生成速度，精准定位目标。然而 Faster R-CNN 还是达不到实时的目标检测，精度还有待提升，也存在着正负样本类别不均衡的问题。

（2）OHEM+Faster R-CNN 算法设计

OHEM 算法的核心思想是根据输入样本的损失进行筛选，筛选出困难样本，这里的困难样本表示有多样性和高损失的假阳性样本，然后将筛选得到的这些困难样本应用在随机梯度下降中进行训练。在实际操作中是将原来的一个兴趣区域网络（ROI Network）扩充为两个兴趣区域网络，这两个兴趣区域网络共享参数。其中上面一个兴趣区域网络只有前向操作，主要用于计算损失；后面一个兴趣区域网络包括前向和后向操作，以困难样本和原有样本作为输入，计算损失并回传梯度。

如图 3-15 所示，P 是 RPN 网络产生的推荐框，$P_{hard-FL}$ 是经过筛选过滤的推荐框，筛选困难样本是分类损失函数，回归框损失函数，困难样本的聚集信息，两个 ROI Pooling 层结构类似，绿色的 ROI 是只读的，也就是只进行向前传播操作，计算所有 P 的损失值，把损失值从大到小排序，选出 B 个传入红色的 ROI，红色 ROI 只对筛选过滤得到的困难样本 P hard-FL 进行前向后向传播操作，减少了内存的消耗，剩下的相对较低损失值的 P hard-FL 设置损失设置为 0，传入红色 ROI 中，不再更新参数，实现参数共享。通过结合 OHEM 算法，OHEM+Faster R-CNN 算法精度和样本召回率均有提高。

（3）OHEM+Faster R-CNN 网络训练测试过程

首先单独训练 RPN 网络，使用预训练模型来初始化网络结构；然后单独训练 Fast R-CNN 网络，并把 RPN 网络输出分类和边框损失得到的权重作为 Fast R-CNN 的输入。RPN 输出一个推荐框，对应比例截取原建筑物图像，并将截取后的图像通过几次卷积池化操作，然后再通过兴趣区域池化层和全连接层输出，进行建筑物目标分类和边框回归。此时，RPN 网络和 Fast R-CNN 网络都是各自单独训练，没有共享权重。再一次训练 RPN 网络，把共享权重的部分学习率设置

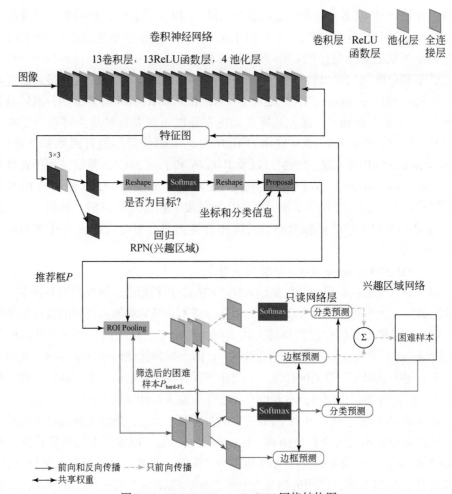

图 3-15　OHEM+Faster R-CNN 网络结构图

为 0，只更新 RPN 网络部分的权重参数。进而使用 RPN 网络输出微调 Fast R-CNN 网络，此时，只更新 Fast R-CNN 部分的权重参数。最终，RPN 和 Fast R-CNN 网络模型合为一个整体。

（4）OHEM+Faster R-CNN+ResNet 建筑物检测算法

为了进一步提高检测精度，可以试着加深网络层数。因为从理论上讲网络层数越深提取的特征越抽象，特征越抽象则识别物体更加简单，也就是说网络模型越深越好。那么，在搭建一个网络模型只要不停地加深网络就能得到更好的分类精度。其实不然，随着网络层级的不断增加，模型精度不断得到提升，但是当网络层级增加到一定的数目以后，训练精度和测试精度迅速下降，这说明当网络变得很深以后，深度网络就变得更加难以训练了。在不断增加神经网络的深度时，模型的准确率会先上升然后平稳最后下降。为了解决这一问题，可以使用残差网络 ResNet 替换 VGG16，设计 OHEM+Faster R-CNN+ResNet 建筑物检测算法。

（5）实验结果与分析

实验使用谷歌图像建筑物特征集和"高分二号"遥感卫星建筑物特征集，特征集均为 4006 张 300×300 像素大小的图片。标注时将可见的房子都标注为建筑物，将特征集输入卷积神经网络结构，输出建筑物检测准确率。表 3-6 列出了不同网络模型在特征集的检测结果。

表 3-6　不同网络模型在不同特征集的精度比较

算法	网络模型	谷歌图像建筑物特征集检测结果/%	"高分二号"遥感卫星建筑物特征集检测结果/%
Faster R-CNN	VGG16	53.7	51.7
OHEM+Faster R-CNN	VGG16	58.2	63.3
Faster R-CNN+ResNet	ResNet-50	60.2	65.6
OHEM+Faster R-CNN+ResNet	ResNet-50	68.5	69.6

由表 3-6 可以得出，OHEM 算法不仅在谷歌图像建筑物特征集上有效，在"高分二号"遥感卫星建筑物特征集上依然有效。在谷歌图像建筑物特征集中，VGG16 网络下准确率提升了 4.5%，ResNet 网络下准确率提升了 8.3%；在"高分二号"遥感卫星建筑物特征集中，VGG16 网络下准确率提升了 11.6%，ResNet 网络下准确率提升了 4%。

图 3-16 是三组遥感图像从左至右依次是原图 [图 3-16（a）、图 3-16（d）、图 3-16（g）]、标记图 [图 3-16（b）、图 3-16（e）、图 3-16（h）] 和检测结果图 [图 3-16（c）、图 3-16（f）、图 3-16（i）]。如果想评估一个分类器的性能，一个比较好的方法就是：观察当阈值变化时，准确率与召回率值的变化情况。如果一个分类器的性能比较好，那么它应该有如下的表现：被识别出的图片中建筑物所占的比重比较大，尽可能多地正确识别出建筑物，也就是让召回率值增长的同时保持预测的值在一个很高的水平。而性能比较差的分类器可能会损失很多准确率值才能换来召回率值的提高。通常使用准确率–召回率曲线，来显示分类器在准确率与召回率之间的权衡。图 3-17 是训练过程中的准确率–召回率曲线，由图 3-17 可知召回率接近 0.8。

图 3-18 是测试中建筑物检测前后结果的对比。其中建筑物检测取得了不错的效果，共有 7 个建筑物被检测出来，图中标出的长方形框是由训练之后 OHEM+Faster R-CNN 网络模型检测出来的建筑物目标，边框上数字为置信度。

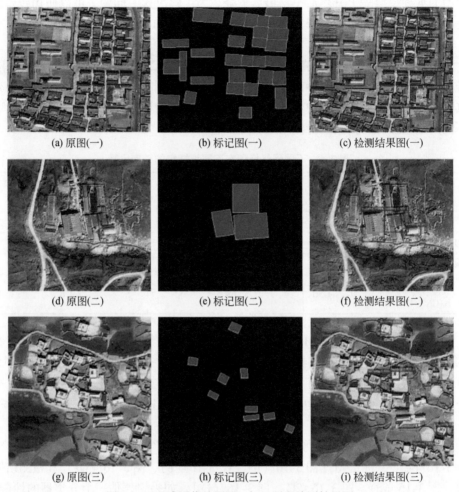

(a) 原图(一)　　　　　　(b) 标记图(一)　　　　　　(c) 检测结果图(一)

(d) 原图(二)　　　　　　(e) 标记图(二)　　　　　　(f) 检测结果图(二)

(g) 原图(三)　　　　　　(h) 标记图(三)　　　　　　(i) 检测结果图(三)

图 3-16　遥感图像的原图、标记图和检测结果图

从结果来看，OHEM 和残差网络对于遥感图像建筑物的检测效果提升明显，OHEM+Faster R-CNN+ResNet 算法在"高分二号"遥感卫星建筑物检测上的准确率达到了 69.6%，符合预期的效果。

3.1.3.2　基于 R-FCN 的建筑物检测方法

(1) R-FCN 模型

R-FCN 模型，即基于区域的全卷积网络（region-based fully convolutional network）模型，简称 R-FCN。它基于 ResNet 网络，创新性地提出了"位置敏感得分图"（position sensitive score map）结构，位置敏感得分图解决了图片分类中平移

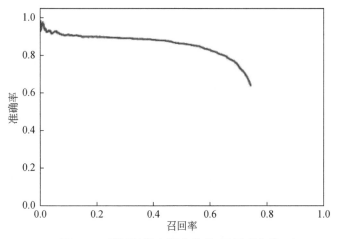

图 3-17　训练过程中的准确率–召回率曲线

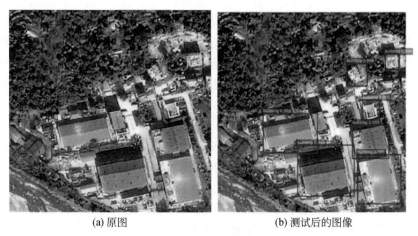

(a) 原图　　　　　　　　(b) 测试后的图像

图 3-18　测试中建筑物检测前后结果的对比

不变性和目标检测中平移变换性的矛盾，把平移变换性融入全卷积网络（fully convolutional networks，FCN）中。R-FCN 结构如图 3-19 所示。

　　R-FCN 模型采用 RPN 结合分类检测网络叠加的方式。R-FCN 的 RPN 与 Faster R-CNN 中的 RPN 一样，只是通过兴趣区域网络之后推荐框会应用于得分地图。R-FCN 模型能将兴趣区域推荐框分类为前景建筑物目标和背景，可计算的网络权重参数在网络层中进行。最后一个卷积层用来产生 $2k^2$ 个对应建筑物分类的位置敏感得分图，最终共有建筑物目标和 1 类背景共两类 $2k^2$ 个输出。R-FCN 网络模型和 Faster R-CNN 网络模型相比，卷积神经网络部分 R-FCN 使用了

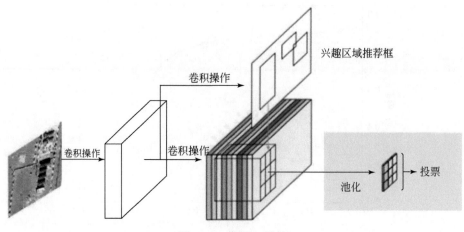

兴趣区域推荐框

卷积操作

卷积操作

卷积操作

池化 → 投票

图 3-19 R-FCN 结构

ResNet，ResNet-101 的结构是 100 个卷积层和 1 个池化层，池化层之后接一个全连接层。在 ResNet-101 网络模型中，最后一个卷积块加了一个的 1×1 的卷积层来降低维度，然后使用 $2k^2$ 个通道输出层的卷积层来产生位置敏感得分图。R-FCN 以位置敏感得分图作为结束层，它将最后一个卷积层的输出结果聚集起来。R-FCN 的训练方式是端对端的，兴趣区域层在最后一层卷积层学习训练位置敏感得分图。

（2）位置敏感得分图分析

R-FCN 的创新之处在于位置敏感得分图的提出，位置敏感得分图能把建筑物的位置信息融入兴趣区域池化层。R-FCN 中的兴趣区域池化层（ROI Pooling）与 Faster R-CNN 中的兴趣区域池化层一样。主要用来将不同大小的 ROI 兴趣区域推荐对应的建筑物特征图映射成同样维度的特征，思路是不论对多大的 ROI 兴趣区域推荐，都在上面画一个 $n×n$ 的网格，每个网格里的所有像素值做一个平均池化，这样不论图像多大，池化后的 ROI 特征维度都是 $n×n$。兴趣区域池化层都是每个特征图单独做，不是多个通道一起的。为了确定每个 ROI 兴趣区域推荐编码位置信息，把每个 ROI 兴趣区域推荐都分成 $k×k$ 个 bin（平均）。对于 $w×h$ 的 ROI 兴趣区域推荐，每一个 bin 的大小 $\text{bin} \approx \frac{w}{h} \cdot \frac{h}{k}$。在第 i 行第 j 列的 $\text{bin}(0 \leqslant i,j \leqslant k-1)$ 中，定义了一个位置敏感兴趣区域池化层操作，并将结果汇集到第 (i,j) 得分图上。

在式（3-11）中，$r_c(i,j)$ 是针对第 c 个条目的第 (i,j) 个 bin 的合并响应，$z_{i,j,c}$ 是 $2k^2$ 个得分地图中的其中一个地图，(x_0, y_0) 代表 ROI 兴趣区域推荐的左上角，n 代表 bin 中建筑物目标像素的个数，θ 表示 R-FCN 网络模型中的权重参数。第 (i, j) 个 bin 的范围是 $\left[i\dfrac{w}{h}\right] \leqslant x \leqslant \left[(i+1)\dfrac{w}{h}\right]$ 以及 $\left[j\dfrac{h}{k}\right] \leqslant x \leqslant$

$\left[(i+1)\dfrac{h}{k}\right]$。这 k^2 个位置敏感得分图来对 ROI 兴趣区域推荐进行投票，使用的方法是平均得分投票，具体过程是对每一个 ROI 兴趣区域推荐进行投票，产生一个二维的向量 $r_c(\theta) = \displaystyle\sum_{i,j} r_c(i, j \mid \theta)$。接着计算每个区域推荐的 Softmax 函数的激活

$s_c(\theta) = \mathrm{e}^{r_c(\theta)} / \displaystyle\sum_{c'=0}^{c} \mathrm{e}^{r_{c'}(\theta)}$，在训练和在推理中进行 ROI 评级时，它们被用来估计交叉熵损失。

$$r_c(i, j \mid \theta) = \sum_{(x,y) \in \mathrm{bin}(i,j)} z_{i,j,c}(x + x_0, y + y_0 \mid \theta) / n \tag{3-11}$$

如图 3-20 所示（Dai et al., 2016），对于 $k \times k = 3 \times 3 = 9$ 个得分地图对应于建筑物分类编码为 9 种情况。在 $2k^2$ 特征图在数量上共有 9 个颜色，每个颜色的立体块（$w \times h \times 2$）表示不同目标在得分地图上存在的概率值。

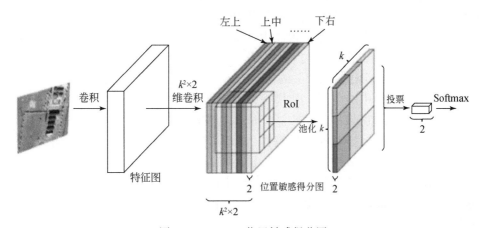

图 3-20　R-FCN 位置敏感得分图

(3) 基于 R-FCN 算法的遥感建筑物目标检测分析

分别使用 R-FCN 算法进行谷歌图像建筑物特征集和"高分二号"遥感卫星建筑物特征集的遥感建筑物检测实验，分为训练过程和测试过程，并分析多种不同参数的实验结果。

1）训练过程。将谷歌图像建筑物特征集和"高分二号"遥感卫星建筑物特征集图像输入 R-FCN 框架中，R-FCN 算法分别使用 ResNet-50 和 ResNet-101 两个网络模型进行实验，并对 R-FCN 算法使用 OHEM（在线困难样本挖掘）进行优化训练，它们的实验结果如表 3-7 所示。

表 3-7　R-FCN 算法不同网络模型检测精度对比

算法	网络模型	谷歌图像建筑物特征集检测精度/%	"高分二号"遥感卫星建筑物特征集检测精度/%
R-FCN	ResNet-50	61.5	63.2
OHEM+R-FCN	ResNet-50	64.4	67.1
R-FCN	ResNet-101	67.9	68.9
OHEM+R-FCN	ResNet-101	69.3	77.5

由表 3-7 可以得出,对于遥感卫星建筑物特征集 ResNet-101 网络模型识别精度要比 ResNet-50 要好,网络层数的增加可以提取到更高维度的特征,使建筑物检测准确率提升了。

R-FCN 使用 RPN 网络来提取候选区域,而位敏得分地图结构可以将 ROI 兴趣区域推荐分类为建筑物目标和背景。在 R-FCN 网络结构中,权重层参数是可学习、可卷积的,最后一个卷积层针对每一个建筑物产生 k^2 个得分地图。因此有 $2k^2$ 个通道输出(谷歌图像建筑物特征集和"高分二号"遥感卫星建筑物特征集中建筑物目标+背景)。k^2 得分地图由 $k×k$ 个空间网格来描述相对位置。图 3-20 进行的是 R-FCN 建筑物目标可视化操作,中间部分为位敏得分地图,这些特殊的得分地图会被一个建筑物相关的位置激活。例如,"顶部中心敏感"得分图会显示建筑物目标的中心位置。如果一个兴趣区域推荐框与建筑物目标真实框重叠,那么 ROI 兴趣区域推荐中的 k^2 个 bin 就会被激活,这样会使投票操作的得分变高。如果兴趣区域推荐框与建筑物目标真实框不重叠或者重叠比例小于设置值,那么 ROI 兴趣区域推荐中的 k^2 个 bin 不会被激活,投票得分也很低。

R-FCN 在进行实验的过程中,需要最小化损失函数,这里损失函数由交叉熵损失(cross-entropy loss)函数和边界回归损失(box regression loss)函数组成,它俩总体的损失函数见式(3-12):

$$L(s,t_{x,y,w,h}) = L_{cls}(s_{c'}) + \lambda [c'>0] L_{reg}(t,t') \tag{3-12}$$

式中,c 是 ROI 的真实标签($c=0$ 表示的是背景);$L_{cls}(s_{c'}) = -\lg(s_{c'})$ 是用于建筑物目标分类的交叉熵损失函数;L_{reg} 是建筑物目标的边界回归损失函数;t 为候选框的建筑物边框参数向量;t' 表示建筑物目标边框真实值;λ 初始值为 1。

使用 OHEM 算法优化 R-FCN 算法,并分别在谷歌、"高分二号"遥感卫星建筑物检测特征集进行实验。

2)测试过程。测试过程使用准确率(precision)、召回率(recall)、各类别平均准确率均值(mean average precision,mAP)来衡量建筑物检测结果的好坏。

准确率:表示训练好的网络模型识别正确的建筑物目标占全部识别为建筑物目标的概率见式(3-13)。

$$Precision = \frac{TP}{TP+FP} \tag{3-13}$$

式中，TP表示识别正确的建筑物数量；FP表示负样本误检为正样本的数量。

召回率：表示训练好的网络模型识别正确的建筑物目标占误识别正确的建筑物目标与背景之和的概率见式（3-14）。

$$Recall = \frac{TP}{TP+FN} \tag{3-14}$$

式中，FN表示正样本误检为负样本的数量。

mAP：使用VOC0712特征集mAP的计算方式，本节只使用AP值，因为只有建筑物一类目标，mAP其实就是AP值。AP值的物理意义就是准确率–召回率曲线和横纵坐标围成的面积。

本次实验中，使用建筑物目标检测窗口和包围盒的IOU重叠，当IOU大于0.5表示识别成功。

将R-FCN算法应用到谷歌和"高分二号"遥感卫星建筑物检测实验。表3-8是不同网络模型下及是否加OHEM下，谷歌建筑物特征集和"高分二号"遥感卫星建筑物特征集检测精度。

表3-8 R-FCN算法不同网络模型检测精度对比

算法	网络模型	谷歌图像建筑物特征集检测精度/%	"高分二号"遥感卫星建筑物特征集检测精度/%
R-FCN	ResNet-50	61.5	63.2
OHEM+R-FCN	ResNet-50	64.4	67.1
R-FCN	ResNet-101	67.9	68.9
OHEM+R-FCN	ResNet-101	69.3	77.5

由表3-8可以看出，对于遥感卫星建筑物特征集，ResNet-101网络模型识别精度要比ResNet-50好，故在谷歌图像建筑物特征集与"高分二号"遥感卫星建筑物特征集使用ResNet-101网络模型。

图3-21是训练过程中RPN和全卷积网络权重参数的损失变化值。由图3-21可知，R-FCN算法损失值在迭代多次之后降低到平稳值，准确率也上升到平稳值。

表3-9是谷歌图像建筑物特征集使用ResNet-101网络的情况下，特征集中训练集和测试集比例不一样所带来的差异。

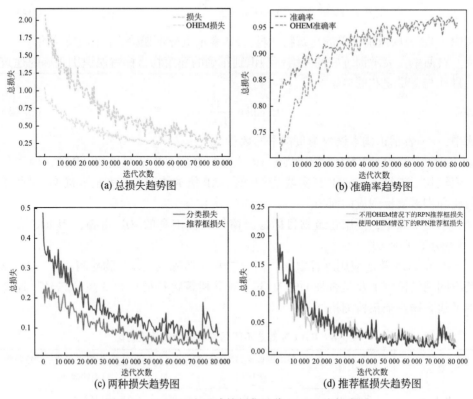

图 3-21　R-FCN 在遥感特征集迭代 80 000 次损失图

表 3-9　R-FCN 算法谷歌特征集不同参数对比结果

算法	训练测试集比例	谷歌图像建筑物特征集检测精度/%
R-FCN	9∶1	66.2
OHEM+R-FCN	9∶1	74.1
R-FCN	7∶3	67.9
OHEM+R-FCN	7∶3	69.3
R-FCN	1∶1	66.5
OHEM+R-FCN	1∶1	64.0

　　由表 3-9 可知，OHEM 方法，当特征集比例为 7∶3 时，效果要比 1∶1 时明显，此时 OHEM+R-FCN 算法比 R-FCN 算法检测精度升高了 1.4%。当特征集比例为 9∶1 时，OHEM+R-FCN 算法的相对优势更加明显。

　　表 3-10 是"高分二号"遥感卫星建筑物特征集使用 ResNet-101 网络的情况下，特征集训练集测试集比例不一样建筑物检测精度的差别对比。

表 3-10　R-FCN算法"高分二号"遥感卫星建筑物特征集不同参数对比情况

算法	训练测试集比例	"高分二号"遥感卫星建筑物特征集检测精度/%
R-FCN	9 : 1	61.5
OHEM+R-FCN	9 : 1	78.5
R-FCN	7 : 3	68.9
OHEM+R-FCN	7 : 3	77.5
R-FCN	1 : 1	67.3
OHEM+R-FCN	1 : 1	76.3

实验分析发现，OHEM+R-FCN算法的实验结果最好，建筑物检测的准确率最高，见表3-11。故在实验中，使用此算法进行建筑物的目标检测。

表 3-11　遥感图像建筑物检测算法总结对比

算法	谷歌图像建筑物特征集检测精度/%	"高分二号"遥感卫星建筑物特征集检测精度/%
OHEM+Faster R-CNN	58.2	63.3
OHEM+Faster R-CNN+ResNet	68.5	69.6
OHEM+R-FCN	74.1	78.5

R-FCN除了应用都建筑物检测外还应用到人脸检测，比如，基于区域的全面卷积网络R-FCN深度人脸检测框架（Wang et al., 2017）；此外，R-FCN还能快速准确地分割室内场景多种类别的物品（Long et al., 2019），基于R-FCN的车辆目标检测方法（Zhou et al., 2018）避免了传统检测的特征选择问题，在减少了检测时间，在提高车辆识别率方面具有明显的优势。

3.2　地学知识约束的遥感数据（协同）认知计算

现有人工智能技术从本质上讲依然在人类设定的框架下运行，人类智能和机器智能如何更加紧密融合是值得探讨的一个课题。另外，为了更加智能地分析数据，需要对数据有更加丰富的语义理解。如何引入领域知识和常识型知识对于更好地理解数据至关重要。遥感信息的最终目是应用，特别是地学应用。在历史的长河中，地球科学研究者们发现了大量的自然规律，掌握了许多地学知识，如何把地学知识引入遥感图像目标认知将是未来研究的一个重要方向。

从人类认知的角度，要实现高效、鲁棒的遥感图像理解和信息辨识，需要解决数据驱动的"自底向上"和知识驱动的"自顶向下"认知过程的有机耦合，形成完整的认知回路。另外，对遥感图像理解而言，人类认知的依据不仅仅是图像的颜色、方向和纹理等，也包括具有明确地学含义的指数、空间依赖关系等地学特征，还有领域知识和专家经验等。因此，需要结合地学过程机理，建立地学知识约束的卫星遥感图像认知计算模型，才能提高海量遥感数据的目标认知精度与效率。地学数据（知识）和遥感数据并不是孤立的，遥感数据智能需要充分利用数据之间存在的关联，实现地学等其他数据源或数据集所涵盖的信息传递并进行整合，为遥感数据分析任务提供更丰富的信息和视角。目前，对于机器友好的数据是类似关系数据库的结构化数据。然而，现实世界里存在着大量的非结构化数据和半结构化数据，为此，需要将数据处理成对机器友好的结构化数据，机器才能发挥其特长，从数据中获取智能。非结构化数据，尤其是半结构化数据向结构化数据的转化，是实现数据智能不可或缺的先决任务，也是实现地学知识约束的遥感数据认知计算的关键环节。下面以基于植被指数约束的赣南稀土矿开发区遥感图像认知为例进行说明。

（1）稀土矿开采区遥感影像特征

赣南稀土矿有池浸法、堆浸法和原地浸矿法三种开采方式，各开采方式在遥感影像上特点也不一样。池浸法和堆浸法这两种方法其实质都是"搬山运动"，因而在影像上呈大片的地表裸露区，同时还有长方形或圆形的浸矿池和沉淀池［图3-22（a）］。而原地浸矿法不动土方，直接在山顶或山坡上挖注液井，对山体结构破坏相对于池浸法和堆浸法要小，因此在遥感影像上表现为沿着山坡呈明暗相间的密集带状区域，同时周边有圆形或长方形的高位池和沉淀池［图3-22（b）］。

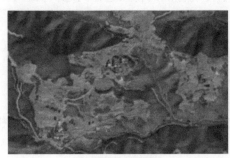 

(a) 池浸法/堆浸法　　　　　　　　　　　(b) 原地浸矿法

图 3-22　稀土矿开采区 ALOS 遥感影像

（2）基于视觉注意模型驱动的稀土矿区遥感信息智能提取

在综合分析南方离子型稀土矿在高分辨率遥感影像上特点的基础上，提出了一种视觉注意模型驱动的稀土矿区遥感信息智能提取的方法。该方法利用 Itti 视觉注意模型生成的显著图作为 GrabCut 模型的初始输入，替代常规以人工选框的方式来得到 GrabCut 模型的初始输入，实现 GrabCut 模型的图像自动分割；并将 NDVI 信息加入 GrabCut 模型的能量函数中作为约束项，来约束植被等信息对目标信息提取的干扰，从而可提高目标提取的精度（Peng et al., 2019）。图 3-23 为稀土矿区遥感信息智能提取流程。

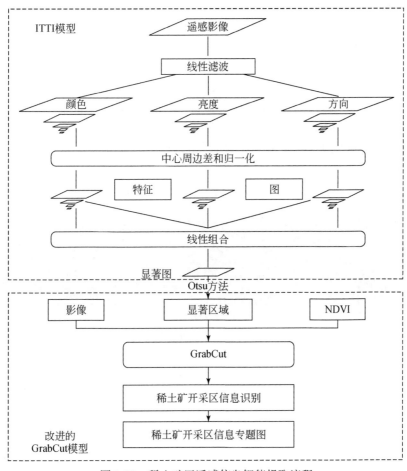

图 3-23　稀土矿区遥感信息智能提取流程

1）基于 ITTI 模型的显著图生成。在图像场景中，如果物体的特征（如颜色、亮度和方向）与周围背景的特征有显著的差异，则视为显著性。在人类视觉注意机制中，显著性信息将被视觉系统选择并保留，然后传递给大脑，引起视觉注意，形成场景中感兴趣的区域，也就是显著图的生成过程。利用 ITTI 模型生成显著区域的步骤如下。

A) 特征计算。主要包括颜色、亮度和方向三大特征的计算，具体如下。

a) 颜色特征表示局部区域相同颜色的对比差异显著性以及不同颜色间的差异显著性。首先需要分离出 R、G、B、Y 四个颜色通道，如式 (3-15) ~ 式 (3-18) 所示。然后利用这四个通道建立 4 个高斯金字塔 $R(\sigma)$、$G(\sigma)$、$B(\sigma)$、$Y(\sigma)$，最后利用式 (3-19) 模拟红绿、绿红来生成 $RG(c,s)$ 特征图，利用式 (3-20) 模拟黄蓝、蓝黄来生成 $BY(c,s)$ 特征图。

$$R=r-(g+b)/2 \tag{3-15}$$
$$G=g-(r+b)/2 \tag{3-16}$$
$$B=b-(r+g)/2 \tag{3-17}$$
$$Y=(r+g)/2-|r-g|/2-b \tag{3-18}$$
$$RG(c,s)=|(R(c)-G(c))\Theta(G(s)-R(s))| \tag{3-19}$$
$$BY(c,s)=|(B(c)-Y(c))\Theta(Y(s)-B(s))| \tag{3-20}$$

式中，r、g、b 分别为遥感影像的红波段、近红外波段以及蓝波段；Θ 是两个不同层级图像下采样到分辨率一致后，逐像素作差；$|\cdots|$ 是对图像逐像素求绝对值；$c\in\{2,3,4\}$；$s=c+\delta$，$\delta\in\{3,4\}$。图 3-24 为各波段的颜色特征图。

(a) 蓝波段特征图　　　(b) 红波段特征图　　　(c) 近红外波段特征图

图 3-24　各波段的颜色特征图

b) 亮度特征反映的是局部区域亮度的对比差异，包括中心暗周围亮和中心亮周围暗两种情况。亮度图像 I 通过式 (3-21) 计算得到，然后再创建高斯金字塔 $I(\sigma)$，利用图像的金字塔跨尺度相减计算得到亮度特征图，即式 (3-22)。图 3-25 为亮度特征图。

$$I=(r+g+b)/3 \tag{3-21}$$
$$I(c,s)=|I(c)\Theta I(s)| \tag{3-22}$$

c) 方向特征。利用 Gabor 滤波，对亮度图像 I 分别建立四个方向 (0°、45°、90°、135°) 的金字塔，然后再利用图像的金字塔跨尺度相减计算得到方向特征图。

图 3-25　亮度特征图

B）特征归一化。根据以上得到的特征图，采用归一化算子（normalization operator），特征图中最显著的点，即特征值最大的点，与其他显著点的显著度差距拉大，这是 ITTI 模型中比较关键的处理步骤。首先将特征图归一化到固定的值域范围 $[0，M]$，统一不同特征之间的量纲；然后计算特征图中最大特征值 M 的位置，以及其他所有局部极大值点的均值 $\bar{m}$，最后将全幅特征图逐像素乘以 $(M-\bar{m})^2$。

C）显著图生成。在生成总体的显著图前，首先利用式（3-23）~式（3-25）将各个通道的特征分别独立生成亮度显著图 $\bar{I}$、颜色显著图 $\bar{C}$、方向显著图 $\bar{O}$，如图 3-26（a）~图 3-26(c)所示。将以上三幅特征显著图归一化增强后取均值，得到最终的显著图 S，如图 3-26（d）所示。

$$\bar{I} = \bigoplus_{c=2}^{4} \bigoplus_{s=c+\delta,\delta=3}^{\delta=4} N(I(c,s)) \tag{3-23}$$

$$\bar{C} = \bigoplus_{c=2}^{4} \bigoplus_{s=c+\delta,\delta=3}^{\delta=4} [N(RG(c,s))+N(BY(c,s))] \tag{3-24}$$

$$\bar{O} = \sum_{\theta \in \{0°,45°,90°,135°\}} N(\bigoplus_{c=2}^{4} \bigoplus_{s=c+\delta,\delta=3}^{\delta=4} N(O(c,s,\theta))) \tag{3-25}$$

$$S = \frac{1}{3}[N(\bar{I})+N(\bar{C})+N(\bar{O})] \tag{3-26}$$

式中，$\oplus$是将图像逐像素相加；$N(x)$ 表示归一化；O 表示方向特征；θ 表示方向；$c \in \{2,3,4\}$；$s=c+\delta$，$\delta \in \{3,4\}$。

2）改进的 GrabCut 模型。将 GrabCut 和遥感数据结合，从初始值设置和能量函数项两方面进行改进，从而实现高分辨率遥感影像稀土矿开采区信息提取。

A）初始值设置。原始 GrabCut 中，将人工框选区外的像素标记为绝对背景初值，框内标记为可能前景初值，通过迭代在可能的前景中筛选出绝对前景。利用 Otsu 方法对上述所生成的显著图自动设定阈值，得到二值的显著区域，作为改进的 Grabcut 分割模型的初始值，即显著区域和不显著区域分别标记为可能前景和背景初值。

B）能量函数。在原有 GrabCut 能量函数［式（3-27）］的基础上，引入归

(a) 亮度显著图   (b) 光谱显著图

(c) 方向显著图   (d) 总体显著图

图 3-26　各特征显著图以及总体显著图

一化差值植被指数（NDVI）（NDVI 由近红外波段与红波段像素值之差除以近红外波段与红波段像素值之和得到）作为能量函数 E 的约束项，如式（3-28）所示。

$$E(\alpha,k,\theta,z)=U(\alpha,k,\theta,z)+V(\alpha,z) \tag{3-27}$$

$$E(\alpha,k,\theta,z)=U(\alpha,k,\theta,z)+V(\alpha,z)+N(\alpha) \tag{3-28}$$

式中，α 为像素标记值；k 为高斯分量，通常为 5；θ 为像素属于前景或背景的概率；z 为图像像素；$U(\alpha,k,\theta,z)$ 为数据项；$V(\alpha,z)$ 为平滑项；$N(\alpha)$ 为约束项。数据项表示像素被标记为前景或背景概率的负对数，可由式（3-29）表示；平滑项表示图模型上所有边的权值，由相邻节点间的欧氏距离计算得到，即表示像素间不连续的惩罚，可由式（3-30）表示；约束项表示由 NDVI 数据判断像素隶属于对应类别的权值，可由式（3-31）表示。

$$U(\alpha,k,\theta,z)=\sum_i -\log p(z_i\mid\alpha_i k_i,\theta)-\log\pi(\alpha_i,k_i) \tag{3-29}$$

$$V(\alpha,z)=\partial\sum_{(i,j)\in C}\left[\alpha_j\neq\alpha_i\right]\exp(-\beta\parallel z_i-z_j\parallel^2) \tag{3-30}$$

$$N(\alpha)=\omega\sum\left[N_i\neq\alpha_i\right] \tag{3-31}$$

式中，$p(z_i\mid\alpha_i k_i,\theta)$ 为高斯概率分布；$\pi(\alpha_i,k_i)$ 为混合权重系数；∂ 为常数，用来调节数据项和平滑项的比例；i 和 j 表示图像范围 C 内的相邻像素；β 由图像对比度决定，用以调节相邻像素间的差异；ω 表示新增 NDVI 数据项的权值，仅将其作为一种软约束，可根据实际情况，通过改变权值大小来调节 NDVI 信息的影响力；N_i 表示 NDVI 数据中的像素类别标记，当其和当前标记值 α_i 不一致时取 1，否则取 0。

通过最大流最小分割算法，计算能量函数最小值，更新高斯混合模型的参数，重新计算能量函数，反复迭代得到最优分割结果，从而得到稀土矿开采区信息专题图。

图 3-27（a）为 GF-1 卫星遥感影像；图 3-27（b）为利用 ITTI 视觉注意模型得到的显著区域图；图 3-27（c）为 NDVI 图；图 3-27（d）是利用图 3-27（a）中的黄色框作为 GrabCut 模型的初始输入，未加入 NDVI 信息作为 GrabCut 模型中能量函数的约束项得到的稀土矿开采区专题信息图；图 3-27（e）是利用显著区域图作为 GrabCut 模型的初始输入，未加入 NDVI 信息作为约束项得到的稀土矿开采区信息提取结果图；图 3-27（f）是同时利用显著区域图作为 GrabCut 模型的初始输入及加入 NDVI 信息作为约束项得到的稀土矿开采区信息提取结果图。从图 3-27 中可以看出，图 3-27（f）的稀土信息提取结果最理想，图 3-27（e）的提取结果又远好于图 3-27（d）的结果，这说明常规的 GrabCut 模型并不适用于高分遥感图像的分割，而利用视觉注意模型得到的显著区域图作为 GrabCut 的初始输入则能很好改善常规 GrabCut 的分割效果，并且不需要人工干预，易于实现自动化；利用 NDVI 信息作为 GrabCut 模型中能量函数的约束项在很大程度上可以减少非矿区地物对 GrabCut 分割的影响。

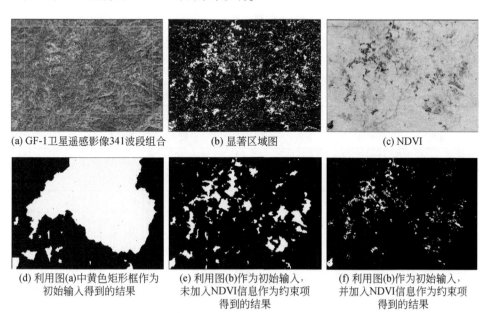

(a) GF-1卫星遥感影像341波段组合　　(b) 显著区域图　　(c) NDVI

(d) 利用图(a)中黄色矩形框作为初始输入得到的结果　　(e) 利用图(b)作为初始输入，未加入NDVI信息作为约束项得到的结果　　(f) 利用图(b)作为初始输入，并加入NDVI信息作为约束项得到的结果

图 3-27　利用不同方法得到的稀土矿开采区信息专题图

3）精度验证。利用高分辨率影像图得到的目视解译结果并结合野外调查资料，作为参考来验证稀土矿开采区信息提取结果的精度，采用漏警率和虚警率两个指标来进行定量评价。同时采用传统的机器学习方法，如面向对象的决策树（CART）和面向对象的支持向量机（SVM），来对比分析基于视觉注意模型驱动的 GrabCut 分割方法的优越性。通过目视解译可得到准确的稀土矿开采区信息专题图，如图 3-28 所示，其中矿区有 1 044 681 个像元，非矿区有 30 129 969 个像元。

图 3-28　目视解译得到的稀土矿开采区信息专题图

CART 和 SVM 这两种方法都是利用 eCognition Developer 9.4 实现的，均采用了光谱信息、亮度信息、纹理信息以及 NDVI、NDWI 等特征，这两种方法的一些相关设置参数如表 3-12 所示。

表 3-12　SVM 和 CART 方法的相关参数设置

SVM		CART	
参数	设置值	参数	设置值
kernel type	线性	depth	0
c	2	max categories	16
gamma	0	cross validation folds	3
features	归一化差值植被指数、归一化差值水体指数、蓝波段均值、红波段均值、近红外波段均值、亮度、最大差分、归一化灰度矢量熵（所有方向）	features	归一化差值植被指数、归一化差值水体指数、蓝波段均值、红波段均值、近红外波段均值、亮度、最大差分
Samples（objects）	76	Samples（objects）	138

表3-13给出了基于视觉注意模型驱动的GrabCut分割法、SVM以及CART三种方法提取的稀土矿开采区信息的精度。可以看出,基于视觉注意模型驱动的GrabCut分割法的虚警率和漏警率都比较低,低10%左右,而传统的机器学习的方法虚警率和漏警率均较高。这说明基于视觉注意模型驱动的GrabCut分割法能较准确地提取稀土矿开采区信息;同时,基于视觉注意模型驱动的GrabCut分割法的信息提取结果具有较好的矿区边界且矿区较完整(图3-29中红圈),同时能较好地去除道路(图3-29中黄圈)。然而由于矿区环境复杂,矿区信息提取精度受到影响。如稀土矿开采区通常包含浸矿池、高位池以及临时工棚,与建设用地的光谱具有相似性,因此很容易将部分建设用地判断为矿区,如图3-30所示。稀土矿废弃矿区复垦成林地的初期阶段的区域也很容易被判断为矿区,因为在复垦初期,树木还很小,树冠也很小,从影像上看仍具有矿区的特征,如图3-31所示。这些也是后续需要深入研究解决的问题。

表3-13 各不同方法的精度评价结果对比

算法	正确像元数	误分像元数	漏分像元数	虚警率/%	漏警率/%
SVM	884 845	572 890	159 836	39.3	15.3
CART	893 800	351 047	160 881	28.2	15.4
基于视觉注意模型驱动的 GrabCut 分割法	993 929	99 575	50 752	9.1	4.9

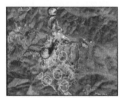 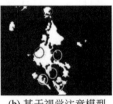 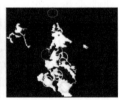 

(a) GF-1卫星遥感影像   (b) 基于视觉注意模型   (c) CART   (d) SVM
341波段组合   驱动的GrabCut分割法

图3-29 不同方法下稀土矿开采区信息提取结果对比图

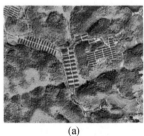

(a)   (b)

图3-30 建设用地错分示意图

图 3-31　复垦地错分示意图

3.3　基于知识迁移的全球森林火烧迹地时序遥感信息挖掘

时序特性是遥感信息挖掘的重要内容之一，也是难点问题。一般来说，时序遥感信息挖掘首先需对每个时相的遥感数据进行分类或目标信息提取，然后进行对比发现动态变化信息。然而，常用的监督学习需要大量的标注数据，标注数据是一项富有挑战性的工作。如何将某个时相或某种类型数据乃至某个任务上学习到的知识或模式应用到其他时相或其他类型的遥感数据中，实现知识迁移，在时序遥感信息挖掘中受到越来越多的关注。目前，人们开展了基于实例的迁移学习、基于特征选择的迁移学习以及基于共享参数的迁移等方面的研究。

森林火灾是一种重要的森林扰动，是导致森林碳储量减少的重要途径之一。火烧迹地反映火灾对森林植被的破坏情况，全球及区域碳循环和气候变化研究需要快速准确获取火烧迹地信息。

在实际工作中，我们构建形成了基于 Landsat 系列卫星数据的全球高精度样本库，利用机器学习和知识迁移成功研发了全球"火烧迹地"高精度自动化提取算法，实现长时序的火烧迹地提取。全球的年度火烧迹地的提取，就涉及 40 多万景的 Landsat 数据，包含不同时相、不同的大气状态、不同的地物类型的数据；不同年份的数据则更复杂、数据量更大。监督分类中选择的训练样本很难普遍适合不同季节或不同覆盖范围的火烧迹地，训练样本往往需要不断增加或者更新调整。因此，样本的迁移和模型算法的迁移就显得至关重要。同时，3.2 节论述的地学知识应用也应得到充分考虑。

首先，如果训练数据和分类数据具有相似的辐射水平，样本迁移的实现就会容易很多。解决这一问题的手段之一就是多源数据的辐射归一化。即样本的学习和火烧迹地信息提取都是基于 RTU 的地表反射率产品，它不受传感器类型、影像获取时间和地点影响，具有良好的可迁移性。

其次，引入地学知识约束机制。一方面，以 2015 年作为基准，按火烧频率等级和生态系统类型对全球进行分层抽样，建立了全球高精度样本库。样本库涵盖常见的地表覆盖类型，尤其需要选择容易与火烧迹地混分的地表类型，如建设用地、地形阴影、裸露地表、水体等；另一方面，通过土地利用分类结果进行森林和森林火烧迹地的判别。

最后，在全球高精度样本库基础上，基于 Landsat 等时序卫星数据和火烧迹地敏感光谱参量（波段反射率、NBR、NDVI、GEMI、MIRBI、BAI、SAVI、NDMI 等），利用机器学习算法（随机森林模型）进行样本训练和学习，得到火烧迹地识别规则和疑似火烧迹地种子点，对疑似火烧迹地种子点进行一系列过滤和优化，得到确定的火烧迹地种子点，在种子点周围进行区域生长，最终生成 2015 年的火烧迹地空间分布结果，总体技术流程如图 3-32 所示。把 2015 年的样本库和采用随机森林模型训练得到的火烧迹地识别规则迁移应用于 2000 年、2005 年、2010 年、2018 年和 2019 年，得到 5 个年份的全球火烧迹地，然后和土地利用分类结果中的森林边界进行叠加，得到 5 个年份的全球森林火烧迹地。

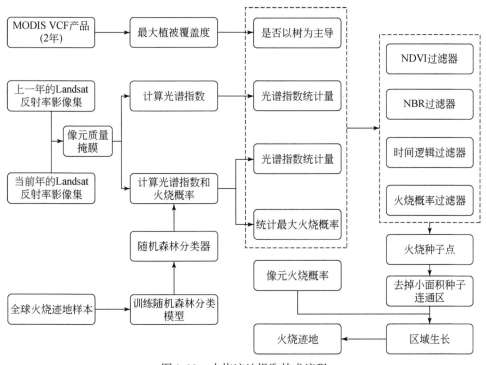

图 3-32　火烧迹地提取技术流程

为确保精度验证的全面性和代表性，利用随机分层抽样的方式在全球范围选取精度验证样区，样区的选择兼顾不同地表覆盖类型和火行为特征。依据 MODIS 地表覆盖类型产品将全球概括为 7 个地表类型 [即 Broadleaved Evergreen（常绿阔叶林），Broadleaved Deciduous（落叶阔叶林），Coniferous（针叶林），Mixed Forest（混交林），Shrub（灌丛），Rangeland（草地）和 Agriculture（农田）]，同时根据 GFED 4（Global Fire Emission Database 4，第四版本的全球火烧排放数据库）2015 年的火烧迹地密度数据将全球均匀划分为 5 个密度级，最终在全球范围内选择了 80 个验证样区，这些样区覆盖了全部的地表类型和火行为分区。

验证数据源：精度验证使用的数据主要包括 Landsat 8、GF-1、CBERS4 和美国 MTBS（Monitoring Trends in Burn Severity，火烧强度趋势监测）火烧迹地产品。其中中国境内的验证样区使用 GF-1 数据，南美区域使用 CBERS4 数据，美国区域使用 MTBS 数据和 Landsat 8 数据，全球其他区域使用 Landsat 8 数据。对于 Landsat 8 数据，验证样区的大小为 185km×185km；对于 CBERS4 数据，验证样区的大小为 120km×120km；对于 GF-1 数据，验证样区的大小为 100km×100km。

验证方法及验证结果：通过收集验证样区 2015 年整年的时序卫星数据，进行几何标准化等处理，然后目视寻找 2015 年内新增的火烧迹地，确定火烧前后的卫星影像对，基于卫星影像对手动选择火烧迹地和非火烧迹地样本点，利用支持向量机分类器进行分类，最终得到 2015 年火烧迹地验证的参考数据。

在每个验证样区分别进行验证，然后得到全球火烧迹地精度验证结果，选用误分率（commission error）、漏分率（omission error）和整体精度（overall accuracy）3 个指标来定量表征火烧迹地信息提取的精度，最终得到 2015 年全球火烧迹地产品的误分率、漏分率和整体精度分别为 13.17%、30.13% 和 93.92%（Long et al.，2019）。将 2015 年全球样本库和机器学习算法应用于 2000 年、2005 年、2010 年、2018 年和 2019 年全球 30m 分辨率火烧迹地信息提取，同样得到了理想的提取结果。例如，利用分层随机抽样的方式对 2010 年全球火烧迹地产品进行全面精度评价和分析。研究结果表明，产品的误分率、漏分率和整体精度分别为 24.32%、31.60% 和 97.85%（蒲东川等，2020）。

为更直观地展示全球森林火烧迹地的空间分布特征，统计了经纬度 0.25°×0.25° 格网内森林火烧迹地像元的百分比，制作了 2019 年全球森林火烧迹地分布图（图 3-33）。经统计，2000 年、2005 年、2010 年、2015 年、2018 年和 2019 年全球森林火烧迹地的总面积分别为 0.94 亿 hm²、0.97 亿 hm²、0.60 亿 hm²、0.77 亿 hm²、0.84 亿 hm² 和 0.95 亿 hm²（Zhang et al.，2020）。从图 3-33 中可以看出，在全球尺度上，森林火烧迹地的空间分布较分散，相对集中的分布区域主要包括非洲中部和南部、澳大利亚北部、南美洲中部等，这些区域大多位于赤道

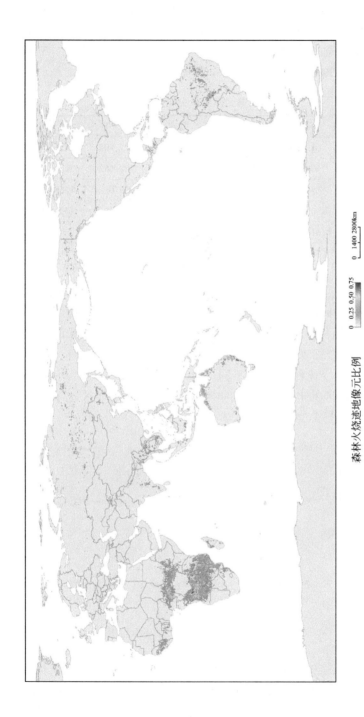

森林火烧迹地像元比例

0 0.25 0.50 0.75

0 1400 2800km

图3-33 2019年全球森林火烧迹地分布图

附近，气候炎热、可燃物充足，干季（指一地区一年中降水较少的时期）火灾
易发。2000～2019年，各大洲森林火烧迹地的面积统计数据如表3-14所示，非
洲森林火烧迹地面积在全球的面积占比最大，远大于其他各大洲，5年的面积占
比平均值达到73.85%。

表3-14　各大洲森林火烧迹地面积　　　　　（单位：万 hm²）

年份	非洲	亚洲	大洋洲	欧洲	北美洲	南美洲	合计
2000	6911.153	612.800	766.763	299.694	222.892	605.857	9419.159
2005	7268.515	608.542	801.163	166.105	208.652	627.994	9680.971
2010	3622.440	656.640	317.047	40.027	64.755	1258.789	5959.698
2015	6251.246	403.430	426.723	34.885	146.826	388.488	7651.598
2018	6514.079	814.180	529.418	25.140	260.582	238.542	8381.941
2019	7040.014	548.817	919.502	25.231	219.118	702.131	9454.813

通过分析2000～2005年、2005～2010年、2010～2015年、2015～2018年和
2018～2019年五个时间段全球和各大洲森林火烧迹地面积变化数据可知（表3-14），
全球森林火烧迹地面积呈现先增大后减小再增大的变化特征，除非洲森林火烧迹地
的年际变化特征与全球森林火烧迹地的年际变化特征基本一致外，其他各大洲森
林火烧迹地的年际变化特征各有不同。由于非洲森林火烧迹地面积占全球的
70%以上，因此非洲森林火烧迹地的年际变化在很大程度上决定了全球森林火烧
迹地的年际变化（图3-34）。

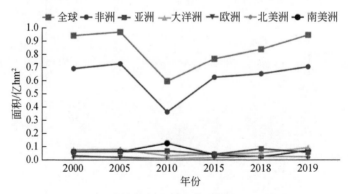

图3-34　全球及各大洲森林火烧迹地面积图

从数值统计看，2005年全球森林火烧迹地面积最大，为0.97亿 hm²，2010
年全球森林火烧迹地面积最小，为0.60亿 hm²，两者相差0.37亿 hm²，减小幅
度达38.14%。伴随着2010年的强拉尼娜现象，非洲中南部、东南亚、澳大利亚

东部、中欧和东南欧等地区降雨异常增多，可燃物含水量大，不易燃烧；而非洲中南部是全球森林火烧迹地分布最集中的地区，降雨增多导致 2010 年非洲中南部的林火显著减少，使 2010 年全球森林火烧迹地面积较其他年份锐减。同样受 2010 年强拉尼娜现象的影响，大洋彼岸的南美洲则遭遇大面积严重旱灾，森林火灾多发，森林火烧迹地面积较其他年份显著增大（表 3-14），在年际变化曲线图上呈现一个峰值（图 3-34）。

3.4 用户行为驱动的遥感信息服务智能化

遥感信息智能服务既要实现遥感信息向用户的主动智能推荐，满足用户个性化信息需求；同时也要完成用户先验知识对主动智能服务系统的反馈，实现主动智能服务模型的验证与优化。因此，需要以用户真实需求作为牵引，理解用户的显性需求，并挖掘用户的隐性需求。由于在主动服务过程中普遍存在语义的同义性和多义性问题，遥感信息与用户需求之间、用户先验知识与遥感认知计算模型之间存在"双向语义鸿沟"。

当前遥感信息服务主要采用"接收—处理—存档—分发—应用"的模式，存在被动性、延迟性的缺点；同时，当前服务模式仅实现了遥感信息向遥感用户的单向传递，并没有考虑遥感信息用户作为最大、最天然的遥感先验知识库对遥感智能服务的反馈与优化作用。因此，需从深度学习、众包服务等理论与技术出发，研究基于卫星下行数据的协同认知计算技术以及遥感信息主动智能服务推荐方法，实现遥感信息向用户的主动智能推荐，满足用户个性化信息需求；同时研究基于众包的智能信息反馈机制，完成用户先验知识对主动智能服务与系统的反馈，实现遥感认知计算模型的验证与优化，跨越遥感数据与用户需求之间、用户先验知识与遥感认知计算模型之间的"双向语义鸿沟"，建立遥感信息与用户之间的信息沟通桥梁，实现遥感信息的主动智能服务，并通过典型示范应用进行验证，总体流程如图 3-35 所示。

针对遥感信息与用户需求之间的"正向服务语义鸿沟"，基于深度学习模型，研究遥感用户行为驱动的遥感信息主动智能推荐方法，解决服务过程中存在的语义同义性和多义性问题，满足用户个性化与高时效性的遥感信息服务需求。遥感用户除了对遥感信息有需求外，同时也是一个非常重要的遥感信息与先验知识源。为了进一步提高遥感卫星下行数据协同认知计算模型的精度，需要研究遥感用户的先验知识的反向反馈机制，跨越遥感用户先验知识与遥感认知计算模型之间的"反向反馈语义鸿沟"，研究基于众包的智能信息反馈机制，让更多的用户参与到遥感大数据即时信息服务中，实现遥感图像认知计算模型的验证与优

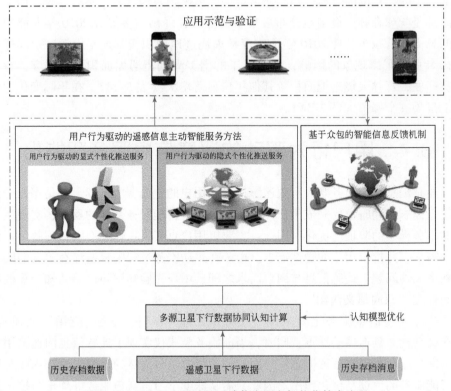

图3-35　用户行为驱动的遥感信息服务智能化技术流程

化，提高即时服务的产品精度。

另外，遥感大数据不仅包括地理空间，还包括高维光谱与特征空间，如何通过虚拟现实的方式更为有效地实现多维对地观测数据可视化，如何增强用户的交互感与沉浸性，最终通过用户的参与和直观感受，深入理解遥感大数据中所蕴含的信息与知识，依然是值得深入研究的问题。

应该指出的是，在大数据时代，数据可视化扮演着越来越重要的角色。可视化技术用于分析，已成为数据智能系统不可或缺的部分，可服务于更准确的决策，并提高沟通效率。

参 考 文 献

刘凯品，应自炉，翟懿奎 . 2017. 基于无监督 K 均值特征和数据增强的 SAR 图像目标识别方法 . 信号处理，33（3）：452-458.

蒲东川，张兆明，龙腾飞，等 . 2020. 分层随机抽样下全球 30m 火烧迹地产品验证 . 遥感学报，24（5）：550-558.

杨慧 . 2018. 2018 年数据智能生态报告 . http：//mi. talkingdata. com/report- detail. html？ id = 843
　　［2020-03-21］.

张晓峰，吴刚 . 2019. 基于生成对抗网络的数据增强方法 . 计算机系统应用，28（10）：
　　201-206.

Aharon M，Elad M，Bruckstein A. 2006. K-SVD：an algorithmdesigning overcomplete dictionaries for
　　sparse representation. IEEE Transactions. On Signal Processing, 54（1）：4311-4322.

Arjovsky M，Chintala S，Bottou L. 2017. Wasserstein GAN. arXiv preprint arXiv：1701. 07875.

Ben-Cohen A，Klang E，Amitai M M，et al. 2018. Data Augmentation for CNN Based Pixel- wise
　　Classification. 2018 IEEE 15th International Symposium on Biomedical Imaging（ISBI 2018）.
　　Washington D. C. ：IEEE.

Borah B，Bhattacharyya D K. 2004. An Improved Sampling-based DBSCAN for Large Spatial Databases.
　　Proceedings of International Conference on Intelligent Sensing and Information Processing. Chennai：
　　IEEE.

Campos-Taberner M，Romero-Soriano A，Gatta C，et al. 2016. Processing of extremely high-resolution
　　LiDAR and RGB data – outcome of the 2015 IEEE GRSS data fusion contest-part A：2-D
　　contest. IEEE Journal of Selected Topics in Applied Earth Observations and Remote Sensing,
　　9（12）：5547-5559.

Chawla N V，Bowyer K W，Hall L O，et al. 2002. SMOTE：synthetic minority over-sampling tech-
　　nique. Journal of Artificial Intelligence Research, 16：321-357.

Cramer M. 2010. The DGPF-test on digital airborne camera evaluation-overview and test design. Photo-
　　grammetrie-Foregrounding-Geoinformation, （2）：73-82.

Dai J，Li Y，He K，et al. 2016. R-FCN：Object Detection via Region-based Fully Convolutional Net-
　　works. Proceedings of the 30th International Conference on Neural Information Processing Systems
　　（NIPS'16）. Red Hook，NY：Curran Associates Inc.

Dalal N，Triggs B. 2005. Histograms of Oriented Gradients for Human Detection. Proceedings of the
　　2005 IEEE Computer Society Conference on Computer Vision and Pattern Recognition（CVPR'05）.
　　Volume 1. Washington D. C. ：IEEE Computer Society. DOI：https：//doi. org/10. 1109/
　　CVPR. 2005. 177.

Engan K，Rao B D，Kreutz-Delgado K. 1999. Frame design using FOCUSS with method of optimal di-
　　rections（MOD）. Proceedings of the Norwegian Signal Processing Symposium, 99：65-69.

Ester M，Kriegel H P，Sander J，et al. 1996. A Density-based Algorithm for Discovering Clusters in
　　Large Spatial Databases with Noise. Proceedings of the Second International Conference on Knowledge
　　Discovery and Data Mining（KDD'96）. Portland，OR：AAAI Press.

Fawzi A，Samulowitz H，Turaga D，et al. 2016. Adaptive Data Augmentation for Image Classification.
　　2016 IEEE International Conference on Image Processing（ICIP）. Phoenix，AZ：IEEE.

Felzenszwalb P F，Girshick R B，Mcallester D，et al. 2010. Object detection with discriminatively
　　trained part-based models. IEEE Transactions on Pattern Analysis & Machine Intelligence, 32（9）：
　　1627-1645.

Girshick R. 2015. Fast R-CNN. Proceedings of the 2015 IEEE International Conference on Computer Vision（ICCV'15）. Washington D. C.：IEEE Computer Society. DOI：https：//doi. org/ 10. 1109/ICCV. 2015. 169.

Girshick R，Donahue J，Darrell T，et al. 2014. Rich Feature Hierarchies for Accurate Object Detection and Semantic Segmentation. 2014 IEEE Conference on Computer Vision and Pattern Recognition（CVPR）. Columbus，OH：IEEE.

Goodfellow I，Pouget-Abadie J，Mirza M，et al. 2014. Generative Adversarial Nets. 27th International Conference on Neural Information Processing Systems. Montreal：27th International Conference on Neural Information Processing Systems.

Guo H. 2018. Steps to the digital Silk Road. Nature，554：25-27.

He K，Zhang X，Ren S，et al. 2014. Spatial pyramid pooling in deep convolutional networks for visual recognition. IEEE Transactions on Pattern Analysis & Machine Intelligence，37（9）：1904-1916.

He K，Zhang X，Ren S，et al. 2016. Deep Residual Learning for Image Recognition. 2016 IEEE Conference on Computer Vision and Pattern Recognition（CVPR）. Seattle，WA：IEEE.

Huang L，Yang Y，Wang Q，et al. 2019. Indoor scene segmentation based on fully convolutional neural networks. Journal of Image and Graphics，24（1）：64-72.

Jia S，Wang P，Jia P，et al. 2017. Research on Data Augmentation for Image Classification Based on Convolution Neural Networks. 2017 IEEE Chinese Automation Congress（CAC）. Jinan：IEEE.

Killer F. 2017. Robots-bias is the real AI danger. MIT Technology Review. http://www. technologyreview. com/s/forget-killer-robotsbias-is-the-real-ai-danger/ ［2020-06-18］.

Krizhevsky A，Sutskever I，Hinton G E. 2017. ImageNet classification with deep convolutional neural networks. Communications of the ACM，60（6）：84-90.

Li W，Chen C，Zhang M，et al. 2018. Data augmentation for hyperspectral image classification with deep CNN. IEEE Geoscience and Remote Sensing Letters，16（4）：593-597.

Lin T，Dollár P，Girshick R，et al. 2017a. Feature Pyramid Networks for Object Detection. 30th IEEE/CVF Conference on Computer Vision and Pattern Recognition（CVPR）. Honolulu，HI：IEEE.

Lin T，Goyal P，Girshick R，et al. 2017b. Focal Loss for Dense Object Detection. 16th IEEE International Conference on Computer Vision（ICCV）. Venice：IEEE.

Liu W，Anguelov D，Erhan D，et al. 2016. SSD：Single Shot Multibox Detector. European Conference on Computer Vision（ECCV）. Cham：Springer.

Liu Z，Wang H，Weng L，et al. 2017. Ship rotated bounding box space for ship extraction from high-resolution optical satellite images with complex backgrounds. IEEE Geoscience and Remote Sensing Letters，13（8）：1074-1078.

Long T，Zhang Z，He G，et al. 2019. 30m resolution global annual burned area mapping based on Landsat images and Google Earth engine. Remote Sensing，11：489-519.

Lu R，Duan Z，Zhang C. 2017. Metric Learning Based Data Augmentation for Environmental Sound Classification. 2017 IEEE Workshop on Applications of Signal Processing to Audio and Acoustics

（WASPAA）. New Paltz, NY: IEEE.

Mairal J, Bach F, Ponce J, et al. 2009. Online Dictionary Learning for Sparse Coding. Proceedings of the 26th Annual International Conference on Machine Learning. Montreal, Quebec, Canada: ACM Press.

Mirza M, Osindero S. 2014. Conditional generative adversarial nets. arXiv preprint arXiv: 1411. 1784.

Odena A. 2016. Semi-supervised learning with generative adversarial networks. arXiv preprint arXiv: 1606. 01583.

Peng Y, Zhang Z, He G. 2019. An improved GrabCut method based on a visual attention model for Rare-Earth ore mining area recognition with high-resolution remote sensing images. Remote Sensing, 11: 1-17.

Razakarivony S, Jurie F. 2015. Vehicle detection in aerial imagery: a small target detection benchmark. Journal of Visual Communication and Image Representation, 34: 187-203.

Redmon J, Divvala S, Girshick R, et al. 2016. You Only Look Once: Unified, Real-time Object Detection. 2016 IEEE Conference on Computer Vision and Pattern Recognition (CVPR). Seattle, WA: IEEE.

Ren S, He K, Girshick R, et al. 2015. Faster R-CNN: Towards Real-time Object Detection with Region Proposal Networks. 29th Annual Conference on Neural Information Processing Systems (NIPS). Montreal: 29th Annual Conference on Neural Information Processing Systems (NIPS).

Shi H, Wang L, Ding G, et al. 2018. Data Augmentation with Improved Generative Adversarial Networks. 2018 24th IEEE International Conference on Pattern Recognition (ICPR). Beijing: IEEE.

Simonite T. 2018. The wired guide to artificial intelligence. www. wired. com/story/guide-artificial-intelligence/ [2020-01-11].

Simonyan K, Zisserman A. 2014. Very deep convolutional networks for large-scale image recognition. arXiv preprint arXiv: 1409. 1556.

Skretting K, Engan K. 2010. Recursive least squares dictionary learning algorithm. IEEE Transactions on Signal Processing, 58 (4): 2121-2130.

Szegedy C, Liu W, Jia Y, et al. 2015. Going Deeper with Convolutions. IEEE Conference on Computer Vision and Pattern Recognition (CVPR). Boston, MA: IEEE.

Szegedy C, Ioffe S, Vanhoucke V, et al. 2017. Inception-V4, Inception-ResNet and the Impact of Residual Connections on Learning. 31st AAAI Conference on Artificial Intelligence. San Francisco, CA: AAAI.

Uijlings J R R, van de Sande K E A. 2013. Selective search for object recognition. International Journal of Computer Vision, 104 (2): 154-171.

Viola P, Jones M. 2001. Rapid Object Detection Using A Boosted Cascade of Simple Features. 2001 IEEE Computer Society Conference on Computer Vision and Pattern Recognition (CVPR). Kauai, HI: IEEE Computer Society.

Wang Y, Ji X, Zhou Z, et al. 2017. Detecting faces using region-based fully convolutional networks. arXiv preprint arXiv: 1709. 05256.

Wu Y, Lu C, Wa G, et al. 2018. Partial Discharge Data Augmentation of High Voltage Cables Based on the Variable Noise Superposition and Generative Adversarial Network. 2018 International Conference on Power System Technology (POWERCON). Guangzhou: IEEE.

Xia G, Yang W, Delon J, et al. 2010. Structural High-Resolution Satellite Image Indexing. ISPRS Technical Commission VII Symposium – 100 Years ISPRS – Advancing Remote Sensing Science. Vienna: ISPRS.

Xia G, Bai X, Ding J, et al. 2018. DOTA: A Large-scale Dataset for Object Detection in Aerial Images. 2018 IEEE/CVF Conference on Computer Vision and Pattern Recognition. Salt Lake City, UT: IEEE.

Zhang Z, Long T, He G, et al. 2020. Study on global burned forest area based on Landsat data. Photogrammetric Engineering & Remote Sensing, 86 (7): 25-30.

Zhou Z, Lei H, Ding P, et al. 2018. Vehicle Target Detection Based on R-FCN. 2018 Chinese Control and Decision Conference (CCDC). Shenyang: IEEE.

Zhu H, Chen X, Dai W, et al. 2015. Orientation Robust Object Detection in Aerial Images Using Deep Convolutional Neural Network. IEEE International Conference on Image Processing. Quebec, Canada: IEEE.

Zou Q, Ni L, Zhang T, et al. 2015. Deep learning based feature selection for remote sensing scene classification. IEEE Geoscience and Remote Sensing Letters, 12 (11): 2321-2325.

第4章 遥感信息工程应用

全球自然灾害的频发、全球气候变化以及人类对自然资源的开发，使得人类赖以生存的地球已面临多重的生态与环境挑战，引发可持续发展问题，如粮食、水与能源的安全，高传染性疾病暴发，环境及生态系统功能的退化，以及全球贫困等（包维楷和陈庆恒，1999；何满喜，2002；胡海洪，2013，吴晓旭等，2013）。国家可持续发展与全球战略的实施，需要以卫星遥感为核心的全球综合观测空间信息支撑。2015 年，国务院办公厅印发的《国家民用空间基础设施中长期发展规划（2015—2025 年）》，明确了中国地球观测卫星以满足各用户部门自身业务需求和实现特定目标为主的资源、环境和生态保护等 7 个重大综合应用方向的发展目标。新时期，自然灾害和突发事件的应急响应、重大工程应用等对遥感数据和信息的分辨率、精度和时效性提出了更高的要求。《国土资源"十三五"规划纲要》《关于划定并严守生态保护红线的若干意见》都提出了全天候遥感监测的需求；《自然资源调查监测体系构建总体方案》提出充分利用现代测量、信息网络以及空间探测等技术手段，构建起"天-空-地-网"为一体的自然资源调查监测技术体系，实现对自然资源全要素、全流程、全覆盖的现代化监管，特别是对于常规监测，将围绕自然资源管理目标，对我国范围内的自然资源定期开展全覆盖动态遥感监测，及时掌握自然资源年度变化等信息，支撑基础调查成果年度更新，也服务年度自然资源督察执法以及各类考核工作等。未来高分遥感数据将与全球导航、移动互联网、物联网、智慧城市建设等深入融合，促使航天应用真正走入百姓生活。

联合国《2030 可持续发展议程》（以下简称《议程》）已成为全球发展进程中的里程碑事件，为各国未来发展和合作指明了方向。《议程》包含 17 个可持续发展目标（SDGs）、169 个具体目标和 230 个指标。自从 2015 年《议程》实施以来，许多国家和科学家们认识到遥感技术在支撑《2030 可持续发展议程》中的重要作用。如可持续发展目标 15（陆地生物）对全球森林和陆表水体产品的需求。

随着国产卫星的日益增多，遥感卫星工程化应用越来越广泛。国家突出强调以产业需求为导向、以建立行业应用的标准化和规范化技术流程为重点，全面推进遥感技术发展，为遥感技术工程化应用开辟了前所未有的新局面。高分辨率卫星遥感数据已在自然资源调查与动态监测、城市规划、生态环境调查与评估及灾害应急等领域得到广泛的应用。然而，相比于遥感数据的获取与预处理，遥感数据信息提取的智能化程度还不够高，信息挖掘的效率较差，"数据海量、信息缺乏、知识难求"的尴尬局面依然存在，矛盾更为突出（何国金等，2015）。发展适用于遥感大数据的自动分析和信息挖掘理论与技术，是国际遥感科学技术的前沿领域之一。

典型特定目标认知是高分遥感图像信息智能处理的研究热点，如何高效、准确地从高分遥感影像中提取出典型目标一直是高分遥感图像应用所面临的一个难题。早期的遥感图像典型目标提取主要采用目视解译的方法，虽然能够获得高质量的结果，但是解译的过程比较耗时和费力，并且解译的精度与解译者的经验和知识水平直接相关，具有很大的主观性。传统遥感图像典型目标自动提取方法，对图像中的所有基本处理单元无差别对待，这种处理方式不仅增加了处理过程的复杂性，而且也浪费了大量的计算资源，难以满足高分辨率遥感"大数据"的应用需求。同时，随着遥感影像空间分辨率的提高，遥感影像具有更加丰富的几何、空间结构、纹理、上下文关系等特征，专题信息提取已从像元层的光谱解译、结构层的基元纹理分析以及面向对象的分析识别向规则知识、语义识别和场景建模等影像高层理解与认知的方向发展，高分辨率遥感图像的新特性使得传统专题目标信息提取方法陷入困境。随着认知计算和人工智能等技术的发展，引入其相关理论与方法进行遥感大数据中特定目标自动识别，可以突破人工解译速度的瓶颈，提高高分辨率遥感数据信息挖掘效率。

下面以城市扩展高分遥感动态监测、全国长时序陆表水体产品以及全球森林覆盖及变化监测为例，从区域、全国和全球尺度说明遥感信息工程应用的方法、流程。在信息提取方法方面，区域应用侧重于介绍基于深度学习网络的目标提取，全国和全球应用强调人工智能结合大数据挖掘技术。

4.1 城市扩展遥感动态监测

城市扩张伴随着大规模的人口聚集和土地利用与土地覆盖变化，大量以植被为主的地表自然景观被建筑物替代，对生态环境和生物多样性及粮食安全等产生了深远的影响。城市化最直观的表现就是城镇建成区迅速扩展，其变化标志着城镇化发展不同时期建设用地的开发与使用情况，其空间格局与演化情况可以在很大程度上反映城镇化的进程特征。

城市扩展遥感动态监测的遥感信息工程化应用，首先需要根据监测区域监管需求及遥感数据的保障能力，获取目标时间段内的遥感数据，利用符合精度要求的平面和高程控制资料，制作覆盖完整监测区的数字正射影像图；其次基于深度学习等人工智能方法自动化得到建筑物的空间分布，进而基于多期结果进行建筑物变化信息的提取与分析，其技术路线图见图 4-1。

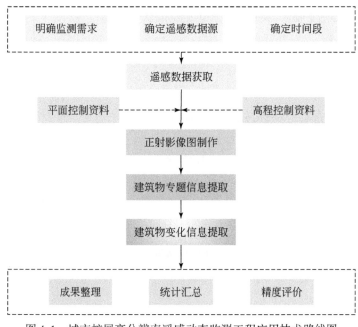

图 4-1　城市扩展高分辨率遥感动态监测工程应用技术路线图

4.1.1　高分辨率卫星数字正射影像图制作

遥感图像是地物电磁波谱特征的实时记录。人们可以根据记录在图像上的影像特征（地物光谱特征、空间特征、时间特征等）进行地物目标认知。数字正射影像图（DOM）是城市扩展动态遥感监测的基础性图件。它是利用数字高程模型对卫星影像进行正射校正、镶嵌和色彩增强处理，并按照一定范围裁切生成的影像数据集。只有制作满足精度要求的 DOM，才能保证城市扩展动态遥感监测变化信息的提取精度、成果质量和应用成效。

纠正控制点可采用实测校正控制点或从已有 DOM 或者地形图上采集校正控制点，结合 DEM 或其他高程数据，正射校正全色遥感数据，再将多光谱数据与之配准、融合，也可直接正射校正多光谱彩色合成数据。经过图像位深调整、色彩增强、匀色、镶嵌、裁切等处理形成真彩色数字正射影像图。以北京市通州区为例，基于国产"高分二号"卫星影像制作通州区数字正射影像图技术流程如

图 4-2 所示。2015 年和 2020 年数字正射影像图结果图见图 4-3 和图 4-4。

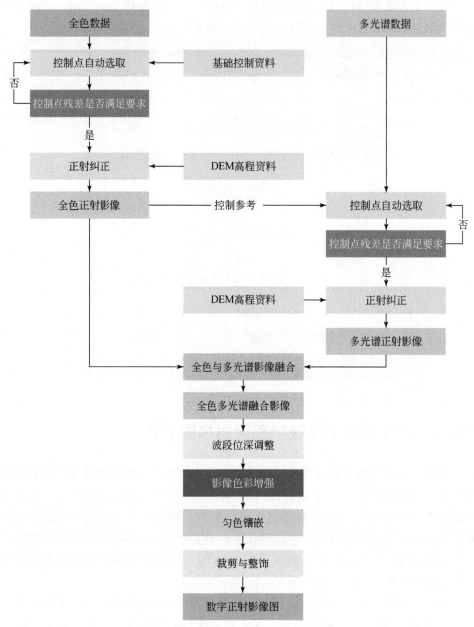

图 4-2　数字正射影像图制作技术流程

图 4-3   通州区 2015 年数字正射影像图（卫星过境时间：2015 年 4 月 22 日）

图 4-4　通州区 2020 年数字正射影像图（卫星过境时间：2020 年 3 月 10 日）

4.1.2　城市扩展建筑物专题信息提取

高分辨率建筑物信息提取是以满足城市扩展动态监测应用需求为目标，以影像特征的客观变化为依据。高分辨率建筑物变化信息提取是实现城市扩展动态遥感监测应用目标的关键实施环节，只有客观、全面地发现和提取建筑物的变化信息，才能为土地资源监测、调查及各项业务管理工作提供真实、准确的基础数据（张继贤，2003）。城市扩展动态遥感监测一般以年度为周期，按照土地管理与执法及督察目标的不同需求，也可以半年、季度、月度或特定时间段内的连续变化监测为周期。城市扩展建筑物变化信息提取的过程需要在统一的地理坐标系下，通过前、后时相遥感影像分别提取建筑物专题信息进而进行对比得到变化信息，本研究采用基于深度学习的建筑物目标自动提取，快速准确提取建筑物专题信息，继而对多期建筑物专题信息进行变化信息统计与分析。

高分辨率遥感图像包含光谱、颜色、纹理、空间上下文以及形状等多种特征，需要根据建筑物目标的特点，将这些特征组织成更高层的规则与知识，才能更好地服务于目标精确认知。然而，面向建筑物目标，主动构造全面的数据特征非常困难。第一，不同的建筑物目标所选择的纹理、光谱、区域上下文语义关系等特征可能不同；第二，不同人所选择的特征也不尽相同。卷积神经网络（Convolutional Neural Networks，CNN）是在多层神经网络的基础上发展起来的针对图像分类和识别而特别设计的一种深度学习方法，其重要特性就是模型无须显式构造特征，在其建模的过程中，只需设定与特征本身无关的参数，便能自动构造与学习特征。因此，目前通常采用基于卷积神经网络模型实现建筑物目标的快速精确认知。

实验中采用的 SegNet 语义分割模型，是编码–解码结构的语义分割端到端网络。该网络分为两部分，编码阶段和解码阶段。编码阶段由一系列卷积层和池化层组成，解码层由上采样层和反卷积层组成。在该网络中，将编码阶段中最大池化的位置信息传递给解码阶段的上采样中，确保了在解码过程中空间位置的准确还原。在解码阶段的最后一个卷积组中添加了 Softmax 层，将每个像素的每一类的概率进行计算，得到每个像素概率最大的类别。该模型的设计保证了推理过程中的内存占用和计算时间的高效。基于深度学习的城市扩展建筑物变化信息提取的具体流程如图 4-5 所示。

以北京市通州区为例进行城市建筑物变化监测分析。为疏解北京非首都功能，推动京津冀协同发展，2015 年通州被确定为北京城市副中心，2019 年北京市级行政中心正式搬迁至通州区，因此近些年通州区城市建设发展进入加速模

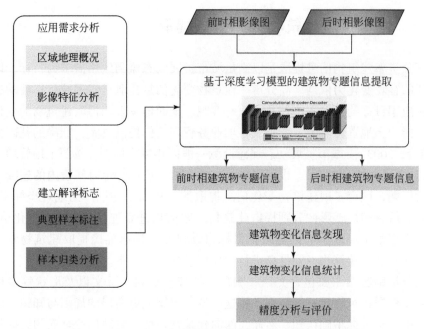

图 4-5　基于深度学习的城市扩展建筑物变化信息提取流程

式，城市建筑物发生了很大的变化。实验数据采用国产"高分二号"卫星数据，空间分辨率达到 0.8m。

前已述及，对于 AI 赋能的目标信息自动提取，首先需要建立目标的样本库。应分析同一类建筑物在不同影像分辨率、不同波段合成、不同季节及不同区域所呈现的色调、颜色及纹理特征。在此基础上提取典型地类影像的解译样本，建立地类解译样本库。

变化监测的前提是检测变化信息，不同时相的遥感图像经过预处理后，需要选取不同的算法来增强和区分出相对变化的区域。除了具有灵活性强、擅长提取空间对比信息等优点的人工目视解译方法外，变化信息自动检测方法也在不断被采用。变化信息提取主要有两种方式：一是首先对前后两期的影像分别进行目标的专题信息提取，然后对两期专题信息提取结果进行变化监测与分析；二是直接基于两期影像进行变化信息的提取。本研究采用第一种方式，基于 2018 年建筑物样本来训练 SegNet 模型，并分别在 2015 年和 2020 年通州区影像上进行预测，得到两个年份提取结果。提取结果如图 4-6 和图 4-7 所示。

精度评价对于理解变化监测结果和选择合适的检测方法、评价各种方法有效性至关重要。在城市建筑物变化检测中，精度评价的困难之处在于：一方面，由于变化检测是多时相的，获取变化初期的地面实况数据往往非常困难。当然，在

图 4-6　基于深度学习的通州区建筑物信息提取结果（2015 年）

条件允许的情况下，可以用变化前期的土地利用图等专题地图和相关专题数据作为精度评价的额外参考信息。另一方面，不同时相的高分辨率卫星遥感影像因成像观测角度、分辨率、谱段设置、成像季节的差异导致多时相数据在位置与属性上的误差传递和累积效应。经人工目视对比分析评价，信息提取结果的总体精度达到了 90% 以上，能够满足城市建筑物变化监测的需求。

图 4-7　基于深度学习的通州区建筑物信息提取结果（2020 年）

　　下面将重点展示通州区的局部区域建筑物变化监测结果，具体如图 4-8 ～
图 4-10 所示。

　　从图 4-8 中可以看出，厂房等工业建筑用地大量拆迁、腾退，生态环境得到
改善。

　　从图 4-9 中可以看出，通州对城中村周边进行拆迁与改造，姚辛庄村、里二
泗村拆除了大量厂房并开始修缮公园绿化设施，持续提高绿化水平，让村民有良
好的休闲娱乐环境，增加居民的生活幸福指数。

(a) 2015年影像

(c) 2015年建筑物提取结果　　　　　　　　(d) 2020年建筑物提取结果

图 4-8　北京物资科学院西侧厂房 2015 年、2020 年度建筑物信息提取结果

(a) 2015年影像　　　　　　　　　　　　(b) 2020年影像

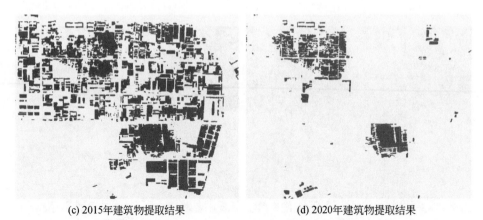

(c) 2015年建筑物提取结果　　　　　　　　(d) 2020年建筑物提取结果

图 4-9　姚辛庄村、里二泗村周边 2015 年、2020 年度建筑物信息提取结果

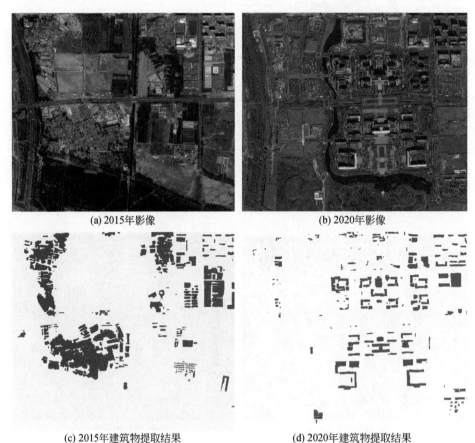

(a) 2015年影像　　　　　　　　(b) 2020年影像

(c) 2015年建筑物提取结果　　　　　　　　(d) 2020年建筑物提取结果

图 4-10　北京市级行政中心 2015 年、2020 年度建筑物信息提取结果

图 4-10 展示了新建北京市级行政中心的城市建筑物动态监测，通过对村庄的拆迁改造，建成了北京市级行政中心的基础设施。

4.2 大尺度陆表水体制图

4.2.1 陆表水体产品研究现状

水是支撑自然界各种生命生存和发展的基础，是人类社会生产、生活和文明发展的基础物质资料，在地球物质循环和能量交换过程中发挥着重要作用，同时也深刻影响着地球表层的自然和人文景观。据美国地质调查局统计，水占据了地球表层 71% 的面积，从储量上看，96.5% 是海洋水体，淡水仅占 2.5%，其中河、湖水和沼泽仅占陆表淡水的 22.17%。一般而言，陆表水体是陆地区域由天然或人工形成的无覆盖的液态水体，主要包含湖泊、河流、水库、养殖区和洪泛区等，不包括冰雪、湿地和水田等类型。利用遥感手段快速准确地掌握陆表水体时空变化信息，对灾害应急、水资源管理和全球气候变化应对具有重要的现实意义和科学价值。

截至 2018 年，全球共研制了 16 套陆表水体制图产品，空间分辨率从 14.25m 到 25km，各产品参数如表 4-1 所示。全球陆表水体最早始于 2000 年美国航天飞机雷达地形计划（SRTM），该计划获取了 80% 的地球表层地面高程数据，首次开展了全球陆表水体制图（SWBD）；2004 年世界自然基金和德国卡塞尔大学综合已有的湖泊、水库和湿地数据，研制了全球湖泊和湿地数据集（GLWD），该产品在湖泊湿地、水文模拟乃至全球变化等领域得到广泛使用。为了弥补 SWBD 在高纬度空间覆盖不足的问题，利用 SWBD 和 MODIS 数据开展了全球 250m 分辨率陆表水体制图（GLCF MODIS）；基于 MODIS 近红外波段研制水体指数方法，更新了全球 2013 年 500m 分辨率陆表水体产品（Global Water Cover）。随着 Landsat 开放与共享，全球陆表水体制图又步入高空间分辨率制图时代。Feng 等（2016）利用 2000 年 Landsat 影像研发了全球 30m 分辨率内陆水体数据集（GLCF GIW）；Verpoorter 等（2014）通过 Landsat 7 EMT+影像融合生产了全球约 15m 分辨率陆表水体产品（GLOWABO）；由于水体具有季节波动，Hansen 等（2013）利用 2000～2012 年多时相影像开展 30m 分辨率全球陆表永久水体制图（Global Surface Water）；Yamazaki 等（2015）进一步扩展时间跨度，利用 4 期（1990 年、2000 年、2005 年和 2010 年）Landsat 影像研制了全球陆表永久水体制图产品（G3WBM），其空间分辨率为 90m。在全球地表覆盖产品中，2 套

30m 分辨率的全球地表覆盖数据集（FROM-GLC 和 Global Land 30）(Gong et al., 2013；Chen et al., 2015）分别发布了水体信息精细化制图产品，分别为 FROM-GLC water mask（Ji et al., 2015）和 Global Land 30-water（廖安平等，2014）。新一代遥感数据计算服务平台 Google Earth Engine 的出现，开启了长时序中高分辨率陆表水体制图的新进程，Donchyts 等（2016）和 Pekel 等（2016）均采用 Google Earth Engine 开展了长时间跨度的陆表水体制图研究，分别研制了全球陆表水体变化产品（surface water changes，SWC）和高分辨率全球陆表水体产品（HMGSW）。

表 4-1　全球陆表水体制图产品信息

序号	数据集/产品名称	空间分辨率	时间范围	传感器
1	GLOWABO	14.25m	2000 年	Landsat ETM+
2	SWBD	1s（约30m）	2000 年	SRTM
3	Global Surface Water	1s（约30m）	2000 年和 2012 年，共 1 期	Landsat TM/ETM+
4	FROM-GLC water mask	30m	2010 年	Landsat TM/ETM+
5	Global Land 30-water	30m	2000 年和 2010 年	Landsat TM/ETM+
6	GLCF-GIW	30m	2000 年	Landsat TM/ETM+
7	Surface Water Changes（SWC）	30m	1985 ~ 2008 年	Landsat TM/ETM+
8	HMGSW	30m	1984 ~ 2015 年	Landsat TM/ETM+/OLI
9	G3WBM	90m	1990 年，2000 年，2005 年，2010 年	Landsat TM/ETM+
10	GLCF-MODIS	250m	2000 ~ 2008 年，共 1 期	MODIS
11	GlobalWaterPack	250m	2013 ~ 2015 年，每天	MODIS
12	Global water cover	500m	2013 年	MODIS
13	GIEMS-D15	15s（约500m）	1993 ~ 2004 年，每月一期	主被动微波传感器和 AVHRR
14	GLWD	30s（约1000m）	1980 年	无
15	GIEMS	25km	1993 ~ 2007 年，每月一期	主被动微波传感器和 AVHRR
16	SWAMPS	25km	1992 ~ 2013 年，每天和每年	主被动微波传感器和 MODIS 地表覆盖产品

　　相对其他地表要素，陆表水体季节性波动特征明显，采用多种粗分辨率卫星遥感数据能实现高频次陆表水体制图。以 MODIS、SSM/I、AVHRR 为代表的快速重返的卫星为高频次陆表水体制图奠定数据基础，目前，基于该数据源生产出代表性陆表水体产品有 4 种，即 Global WaterPack、GIEMS、GIEMS-D15 和 SWAMPS。Global WaterPack 是结合 MODIS Terra 和 Aqua 卫星数据源而研制的全球 250m 分辨率每天更新的陆表水体产品，是目前陆表时间分辨率最高的产品。GIEMS 是综合被动微波辐射计、主动微波后向散射系数、AVHRR 可见光和近红外归一化植被指数（NDVI）3 种数据研制的 0.25°×0.25°分辨率每月更新全球陆表水体产品，该产品有助于揭示陆表水体长时序快速动态特征。结合 HydroSHEDS 和 GLC2000 数据对 GIEMS 进行空间下采样，生成了分辨率（约 15s）更高的 GIEMS-D15 陆表水体产品。SWAMPS 是结合主被动微波和 MODIS 地表覆盖产品进行陆表水体解混，研制成 1992~2013 年长时间动态变化的陆表水体产品，分辨率为 25km，可以生产日产品，月产品可通过日产品合成获得。

　　目前的陆表水体产品较多基于 Landsat 系列卫星数据开展，主要是因其具有全球成像连续、分辨率较高、周期性强等优势，基于 GEE 平台可研制大尺度长时序陆表水体产品。现阶段 Google Earth Engine（GEE）平台集成的人工智能分类方法种类有限，自定义的复杂算法在平台上难以实现。因此，针对未来高时空分辨率陆表水体信息提取的发展趋势，还需要继续探索大尺度陆表水体方法智能提取方法，从而生成大尺度陆表水体产品。

4.2.2　基于多层感知器神经网络（MLP）的陆表水体提取

4.2.2.1　多层感知器神经网络算法

　　多层感知器神经网络（MLP）算法是一种包含多个隐含层的神经网络模型，并且所有的神经元是全链接的，属于机器学习监督算法，该模型的架构见图 4-11。江威（2019）提出利用多层感知器神经网络（MLP）用于陆表水体提取，该方法将每个影像输入波段作为一个特征，如 Landsat 8 则有 8 个特征，对于每个特征，对应会有一个随机初始权重，通过多个隐藏层的神经元计算，最后计算的净函数 $S(x)$ 如式（4-1）和式（4-2）所示：

$$S(x) = \sum_{j=1}^{k} \omega_{ji} \cdot x_j + b_i \tag{4-1}$$

$$Z(x) = \begin{cases} 1 & (\omega_{ji} \cdot x_j + b_j) > 0 \\ 0 & 其他 \end{cases} \tag{4-2}$$

式中, k 为总特征数; ω 为随机初始权重值; b 为偏差; x 为特征; i 为分类类别; $Z(x)$ 为分类判别函数, 各像素最后分类为水体或非水体均是经过判别函数决定的。

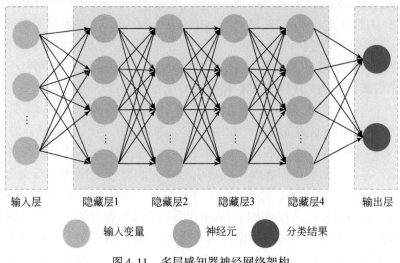

| 输入层　　隐藏层1　　隐藏层2　　隐藏层3　　隐藏层4　　输出层

输入变量　　　　神经元　　　　分类结果

图 4-11　多层感知器神经网络架构

在实际的模型训练过程中, 需要利用最大近似交叉熵（softmax cross-entropy objective, SCRO）函数和随机梯度下降（stochastic gradient descent, SGD）函数对各神经元的权重进行优化, 最后求得最优解。SCRO 函数需要先计算柔性最大激活函数, 该函数是通过每个神经元计算水体和非水体二值概率图, 将每个神经元的输出转换到 $0 \sim 1$, 公式为

$$Z(x) = \frac{e^{X_{\text{water}}}}{e^{X_{\text{water}}} + e^{X_{\text{non-water}}}} \tag{4-3}$$

式中, X_{water} 为水体样本矢量矩阵; $X_{\text{non-water}}$ 为非水体矢量矩阵; $Z(x)$ 计算结果为水体和非水体的概率。

交叉熵是一个损失函数, 通过比较输出和真实样本, 利用反向传递来不断优化权重, 公式为

$$\Phi(\alpha, \beta) = -\sum_x \alpha(x) \lg \beta(x) \tag{4-4}$$

式中, $\Phi(\alpha, \beta)$ 为交叉熵; α 为真实标记样本, 取值为 $[0, 1]$; β 为通过柔性最大激活函数计算出来的概率值, 最大化交叉熵函数用来获得水体。

SGD 函数在每次迭代中更新特征的权重, 每次针对 100 个像素进行计算, 该函数公式为

$$W = W - \eta \, \nabla J(W, b, x^{(z)}, y^z) \tag{4-5}$$

式中，W 为权重；η 为学习率，此处设置为 10^{-4}；∇ 为代价函数 $J(W,b)$ 的梯度；x，y 为训练样本对；z 为分块样本数。

根据人工实验，模型的参数调优设置见表 4-2（Jiang et al., 2018）。对于隐藏层数选择，分别设置 2 层、4 层、6 层和 8 层隐藏层开展实验，见图 4-11。结果表明，随着隐藏层的增加，模型计算时间会显著增加，但精度的提升不显著，见图 4-12。但当隐藏层设置为 2 层时，影像的分类结果精度较低。因此，为了平衡分类精度和计算时间，实验采用 4 个隐藏层。

表 4-2 多层感知器神经网络参数设置

参数名称	参数设置
输入变量	标注化后 DN 值
激活函数	ReLU
分类规则	基于每类概率最大
训练的损失函数	最大化交叉熵函数
隐藏层数	4
第一层神经元数	30
第二层神经元数	30
第三层神经元数	30
第四层神经元数	10
学习率	10^{-4}
训练迭代次数	100
分块大小	100
分类类别数	2

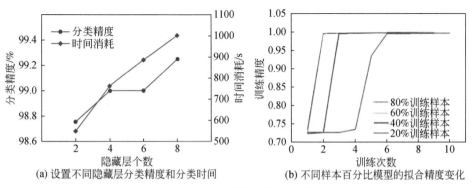

(a) 设置不同隐藏层分类精度和分类时间   (b) 不同样本百分比模型的拟合精度变化

图 4-12 多层感知器神经网络参数选择

该算法的分类过程主要分为以下 3 个步骤。

步骤 1：样本选择。训练样本是针对待分类影像人工标记水体和非水体样本，两类样本都需包含所有的类型。样本的选择是基于 ENVI5.3 软件，通过人工标记 ROI，ROI 中样本的像素即为训练样本。为了减少人工标记样本的误差，需要首先参照待分类影像区域谷歌高分影像，然后对影像进行标记，标记样本中没有水和非水的混合像元，每景影像的水体和非水体样本数量约为 30 000 个。这些训练样本将随机分为两部分，其中 80% 训练样本用于模型训练并生成模型拟合精度，剩余训练样本用于验证模型的精度。

步骤 2：模型训练。基于训练样本和模型，将训练样本各波段的 DN 值作为变量输入到模型中，在模型的前向传播过程中，利用激活函数计算各神经元之间的权重和偏差。为了进一步优化权重和最小化误差，梯度下降算法用于训练整个网络，最后在后向传播过程中确定各神经元之间的权重和偏差。

步骤 3：影像分类。基于样本训练出的模型，计算各像素的水体和非水体最大概率，根据概率值的大小来区分分类类型，最后分类结果标记为不同属性值进行输出。

4.2.2.2 基于多层感知器神经网络陆表水体提取效果对比

陆表水体提取效果对比采用 8 景 Landsat 8 卫星遥感数据，该数据为标准 4 级产品，各影像的合成图如图 4-13 所示，涵盖了大部分的水体类型，如河流、湖泊、人工水池、海水等，同时还有冰雪、阴影和城市暗地表等水体噪声。表 4-3 总结了所选取影像的元数据信息。

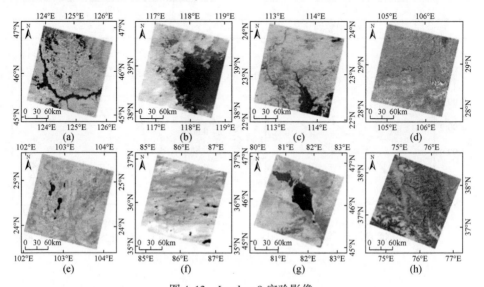

图 4-13　Landsat 8 实验影像

表 4-3　Landsat OLI 实验数据的元数据

研究区	Landsat 景号	行列号	影像日期
L8-a	LC08119028201309050 1T1	119/28	2013 年 9 月 5 日
L8-b	LC81220332015163LGN00	122/33	2015 年 6 月 12 日
L8-c	LC81220442015291BJC00	122/44	2015 年 10 月 19 日
L8-d	LC08128040201705260 1T1	128/40	2017 年 6 月 15 日
L8-e	LC81290432015148LGN00	129/43	2015 年 5 月 28 日
L8-f	LC81420352015255LGN00	142/35	2015 年 9 月 12 日
L8-g	LC81470282015194LGN00	147/28	2015 年 7 月 13 日
L8-h	LC81490342015288LGN00	149/34	2015 年 10 月 15 日

　　通过定量精度指标和目视比较评估多源卫星遥感数据陆表水体的提取效果。首先采用全局精度（OA）和 Kappa 系数（KCs）对比三种分类算法在每景影像中的整体提取精度；其次选取局部地区进行目视比较，分析三种算法在不同陆表水体类型与不同水体噪声抑制中的提取效果。

　　表 4-4 为 Landsat 8 卫星数据陆表水体分类结果的全局精度和 Kappa 系数。对比三种分类算法在 8 个研究区域中的全局精度，三种算法的总体分类精度均较高，多层感知器神经网络（MLP）算法整体上精度最好，全局精度在 98.25% ~ 100%。随机森林算法全局精度与多层感知器神经网络相近，决策树全局精度为三种算法中最低。此外，对比三种算法的 Kappa 系数，其趋势与全局精度相同，MLP 算法的 Kappa 系数大于其余两种算法。研究区 L8-h 和 L8-d 中决策树和随机森林算法的全局精度和 Kappa 系数较低，是因为这两个研究区主要水体类型为细小河流，两种算法在对细小河流提取效果较差，混分了城市暗地表与山体阴影等噪声，造成总体分类精度较低。

表 4-4　Landsat 8 OLI 陆表水体提取结果精度验证

研究区	全局精度/%			Kappa 系数		
	决策树	随机森林	MLP	决策树	随机森林	MLP
L8-a	97.75	98.25	98.75	0.955	0.965	0.975
L8-b	98.78	99.51	99.25	0.976	0.990	0.985
L8-c	98.75	96.50	99.75	0.975	0.930	0.995
L8-d	90.00	91.25	98.75	0.800	0.825	0.975
L8-e	96.75	96.25	98.25	0.935	0.925	0.965
L8-f	98.75	98.75	99.00	0.975	0.975	0.980

续表

研究区	全局精度/%			Kappa 系数		
	决策树	随机森林	MLP	决策树	随机森林	MLP
L8-g	96.00	99.00	100.00	0.920	0.980	1.000
L8-h	88.28	89.53	98.50	0.766	0.791	0.970

图 4-14 为几种典型的陆表水体类型的局部提取效果对比结果，包括湖泊、细河、海水、池塘，以及水产养殖水域。基于目视对比，检验不同算法对陆表水体的提取效果，其中用红色圆圈突出的区域水体提取差异较为明显。分析湖泊的提取结果，可以清晰地看出，图 4-14（a3）中随机森林算法提取结果缺少了部分湖泊，相比之下，MLP 算法提取湖泊轮廓最为完整精确。此外，随机森林算法和决策树算法对于较细的河流提取效果较差，见图 4-14（b2）和图 4-14（b3），无法清晰提取出细河流的轮廓，而 MLP 算法对细河流轮廓提取较好，可以清晰地显示出细河流轮廓。对于海水的提取，随机森林算法容易将海岸附近光谱有差异的海水与非海水混分，导致近海岸的海水提取效果较差，见图 4-14（c3）。决策树法可以基本上区分海水与非海水，在分类结果图 4-14（c2）中，海岸线轮廓清晰可见，但是海水中仍存有大量噪声，MLP 算法无论对于海陆分离还是噪声抑制均达到较好的效果。图 4-14（d2）、图 4-14（d3）和图 4-14（d4）为三种算法对于露天池塘的提取效果，三种算法均可以精确提取大型露天池塘，而对比红色圆圈突出的湿地区域可以看出，随机森林算法对于陆表水和湿地的混分较为严重，而决策树与 MLP 算法性能几乎相同，均可以抑制陆表水与湿地的混分现象。水产养殖水域包含浮游植物等非水体，容易与水体混淆，因此对于该区域水体提取的细节十分重要。在提取该区域水体细节方面，决策树和 MLP 效果相近，但是决策树方法提水产养殖区域水体噪声较多，相比之下 MLP 可以良好地抑制水体噪声。而随机森林算法虽然可以良好的抑制水体噪声，但对于水体与和水体中浮游植物不能较好地区分。

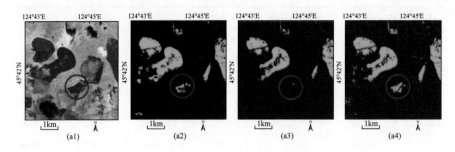

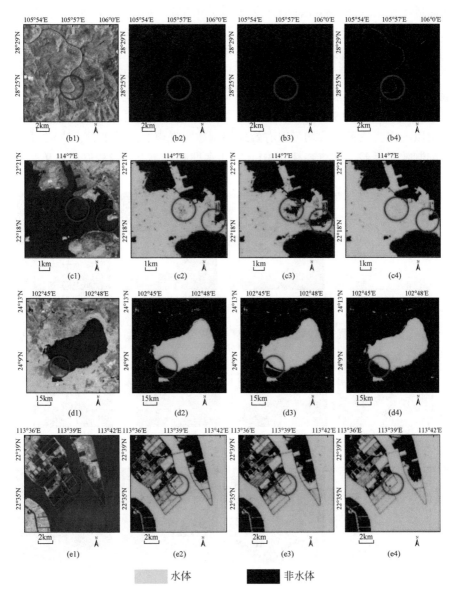

图 4-14　Landsat 8 数据不同水体类型提取结果比较

a 为湖泊；b 为细河；c 为海水；d 为露天池塘；e 为水产养殖区；1 为 Landsat 8 数据；
2 为决策树算法结果；3 为随机森林算法结果；4 为 MLP 算法结果

除了不同类型水体，陆表水体对于不同噪声的抑制也同样重要，这些噪声主要包括云阴影、城市暗地表、山体阴影以及冰雪噪声，不同陆表水体提取方法对噪声的抑制效果对比结果如图 4-15 所示。对于云阴影，随机森林和 MLP 算法都能达到良好的抑制效果，而决策树算法将一些云阴影误分为陆表水体，见图4-15（b2）。三种算法均能抑制城市暗地表噪声，但相比之下，决策树算法表现较差，将一些建筑物阴影混分为陆表水体，因而在城市密集区域产生一些混分斑噪，见图4-15（c2）。图4-15（d2）表现了决策树算法在抑制山体阴影方面效果较差，部分山体阴影被混分为水体提取出来，而随机森林和MLP算法均可以有效消除山体阴影噪声。图4-15（e2）、图4-15（e3）和图4-15（e4）为三种算法对于冰雪噪声的抑制结果，可以看出，三种算法均可以有效地抑制冰雪噪声。总体上看，决策树算法对噪声抑制效果最差，随机森林和MLP算法在抑制噪声上均有较好的效果。

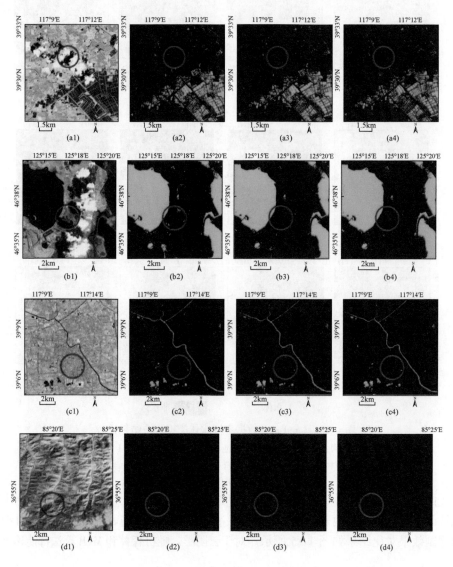

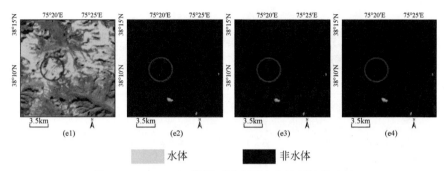

图 4-15　Landsat 8 数据不同水体噪声抑制结果比较

a 和 b 为云阴影；c 为城市建筑阴影；d 为山体阴影；e 为冰雪；1 为 Landsat 8 数据；
2 为决策树算法结果；3 为随机森林算法结果；4 为 MLP 算法结果

　　总体来看，多层感知器神经网络（MLP）的精度最高，其次是随机森林，决策树的精度最低。多层感知器神经网络（MLP）可以适用于多源中高分辨率卫星遥感数据的陆表水体提取，对湖泊、细河、海水、池塘，以及水产养殖水域等不同类型水体均具有较好的提取效果。此外，针对少量薄云覆盖区域和湿地类型，MLP 算法也能够准确区分出陆表水体。对于抑制云阴影、山体阴影、湿河床、城市阴影和冰雪等噪声，MLP 算法比决策树和随机森林的效果更好，尤其是在高分影像上城市建筑阴影区很容易存在混分，但 MLP 算法能够较好地抑制这种误分。

4.2.3　中国陆表水体制图

　　中国陆表水体类型丰富，空间分布不均衡，采用多层感知器神经网络方法和 Landsat 8 卫星遥感数据，生成中国区域大尺度陆表水体产品，验证并分析产品精度（Jiang et al., 2020）。

　　中国区域共采用 516 景 Landsat 8 卫星遥感数据，从美国地质调查局（USGS）和中国遥感卫星地面站获取。数据的选取原则如下。

　　1）影像云量较小，无云影像或少量含云（20% 左右）的影像。

　　2）影像质量较好，没有明显噪声、条带和异常像元。

　　3）选择地表覆盖类型丰富的影像，影像区域基本涵盖主要类型水体。

　　4）影像获取年份为 2015 年，优选陆表水体丰水期（5～10 月），部分区域采用相近时相影像补充。

　　中国陆表水体产品研制和验证流程如图 4-16 所示，主要包括影像预处理、陆表水体提取和精度评价 3 个部分。

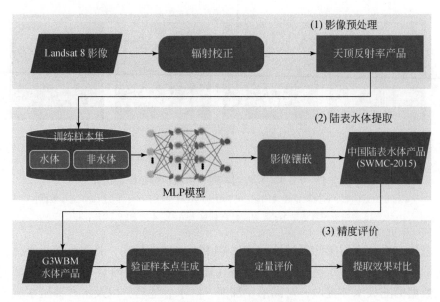

图 4-16　中国陆表水体产品研制和验证流程

在预处理部分，主要对下载的数据进行辐射校正，消除影像之间的误差，针对单景影像，人工选取水体和非水体样本，样本需包含所有影像中所有水体和非水体类型，基于提出的多层全链接神经网络模型，实现陆表水体快速提取，通过影像镶嵌处理形成中国陆表水体产品，如图 4-17 所示。从图 4-17 中可以看出，主要湖泊群和河流网络提取效果较好，统计分析沿经纬度方向陆表水体面积，中国陆表水体在经度方向主要集中在青藏高原湖泊群（90°E ~95°E）和长江中下游地区（110°E ~ 115°E），在纬度方向主要集中在中纬度区域（25°N ~33°N），而在高纬度地区水体面积相对较低，主要是因为高纬度地区沙漠地区较大。

参考 G3WBM 陆表水体，采用基于格网缓冲区的方法，生成具有空间代表性的水体和非水体验证样点，共有 10 419 个水体样本验证点和 5332 个非水体样本验证点，利用该样本集对中国陆表水体产品进行定量评价。从表 4-5 定量分析结果来看，中国陆表水体产品全局精度为 90%，Kappa 系数为 0.78，具有较高的制图精度，该数据已经提供在线发布和共享下载。

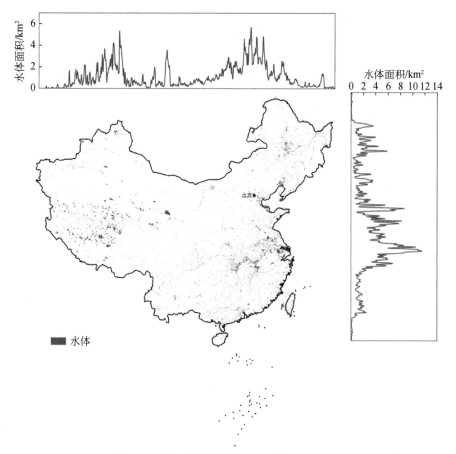

图 4-17   中国陆表水体产品和水体面积分析

表 4-5   中国陆表水体定量评估结果

项目	水体	非水体	总计	生产者精度/%	用户精度/%
水体	9 072	263	9 335	97.18	87.07
非水体	1 347	5 069	6 416	79.00	95.07
总计	10 419	5 332	15 751		
其他	全局精度=90%			Kappa 系数=0.78	

4.3　全球森林覆盖信息提取

森林和树木对人类和地球的发展做出了重要的贡献。森林在维持人类生计，提供洁净的空气和水，保护生物多样性并应对气候变化等方面发挥着至关重要的作用（FAO，2018）。联合国《2030 可持续发展议程》及其 17 项可持续发展目标（SDG），已经成为指导全球各国制定发展政策的核心框架，为各国未来发展和合作指明了方向。准确认知森林资源的状况和变化，对于加强森林的管理和利用、应对全球变化以及实现与森林相关的可持续发展目标等方面具有十分重要的意义。

森林监测引起了国际社会的广泛关注，世界各国和诸多国际研究机构开展了以森林覆盖和森林变化为主题的区域、洲际和全球尺度的土地覆盖制图研究。Chen 等（2019）利用 2000～2017 年 MODIS 叶面积指数与土地覆盖类型等数据集对全球植被叶面积指数进行回归分析，发现中国和印度在近年来全球绿化趋势中成效显著，其中中国森林增加占据主导作用，突出中国森林覆盖在国际绿化工程中的重要作用。马里兰大学地理科学系利用 Landsat 系列数据进行了全球森林覆盖变化监测，监测了 2000～2012 年全球森林增加和减少的面积（Hansen et al.，2013）；联合国粮食及农业组织（FAO）每隔五年至十年定期发布的全球森林资源评估（FRA），目前进行到 2020 年（FAO，2020），旨在获取有关毁林、造林和森林自然扩张的更多和更一致的信息，并从区域和全球不同尺度上分析森林的发展态势，以及人口、经济、制度和技术等外部因素变化可能对森林产生的影响。

本研究采用机器学习、大数据分析等先进技术，基于长时间序列的多源卫星遥感数据开展全球森林覆盖的快速监测，提供系列信息产品。生成的数据产品为 30m 分辨率全球森林覆盖产品（GFC30）。在生成系列数据产品的基础上，利用空间统计和数据分析的方法，开展对全球森林的综合分析，揭示森林覆盖变化的区域分异规律。

4.3.1　森林覆盖产品生产技术路线

全球森林覆盖产品生产技术路线如图 4-18 所示。

首先，建立全球森林覆盖分区，使得分区内森林覆盖类型和其他主要地物类型特征一致性较好。其次，采用自动分层采样的方法建立分区样本点，样本点充

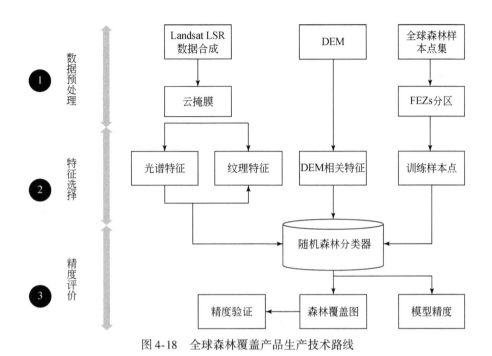

图 4-18　全球森林覆盖产品生产技术路线

分代表森林特征和其他地物类型特征。再次，通过机器学习算法建立分区分类模型。同时，采用时序影像合成的方法生成全球卫星影像图，并提取分类特征建立训练样本特征集，基于训练样本特征集利用随机森林机器学习算法进行学习，从而建立分区分类模型并对影像像元进行分类标记。最后，对分类结果进行后处理，包括中值滤波、同类联通像元合并和过滤等，并按要求分块存储文件。

采用随机森林算法的优点主要体现在两个方面：①随机森林分类器训练速度快，人工干预少，且算法易于并行实现。随机森林训练的计算量与树的数目增长成正比，而各个树之间可以并行化处理，这使得随机森林算法的速度更快，较适合后续大量森林覆盖产品的生产。②拟合精度高且具有较好的抗噪能力。随机森林算法是一种对数据特征统计的方法，在较好的参考数据支持下，对数据时相要求不高，特别是对于落叶林或混交林地区，都有较好的分类结果。

这里收集了来自 USGS、全球通量站点（Global Flux Site）、日本 CEReS 等的地面真实验证点、全球森林动态监测网络（ForestGEO）的全球森林大样地资料和美国 FCC 产品、日本 FNF 产品等作为样本点的来源，通过认真筛选和检查，建立了自己的全球森林样本点库。另外，针对全球森林及非森林类型的多样性问题，采用了全球森林覆盖分区的方式，将全球划分为森林及非森林特征一致性较好的 43 个分区，以分区为单位进行样本训练和分类，从而获得全球的森林覆盖产品。

4.3.1.1　基于全球生态区地图知识的全球森林覆盖分区

分区分类是处理全球数据分类的有效途径，不仅可以提高分类精度，还可以提高分类效率，达到快速处理全球数据的目的。森林分区如图4-19所示。

分区的方法：参考 FAO 全球生态区地图（Global Ecological Zones map, GEZ），建立全球森林覆盖分区，将森林覆盖类型和其他主要地物类型特征一致性较好的区域划分在一起形成一个独立分区，从而得到全球森林覆盖分区。

分区的原则：分区内森林覆盖类型和其他主要地物类型特征一致性较好，同时兼顾空间上的连续性和大小适中。

分区的好处：森林覆盖分区使得区内光谱差异最大化，简化分类器模型，提高生产效率；同时保证了森林覆盖产品的生产精度。

4.3.1.2　全球森林样本点选区与检验

高质量的样本点是提高森林模型精度的保证。样本点的质量既包括样本点的精度，也包括其对主要地物特征的代表性。各种森林覆盖产品为样本点的选择提供了很多来源，但也存在着不确定性和误差。为了得到模型训练所需要的高质量的样本点，需要制定全球森林样本点获取方案。样本点的获取方法有很多，比如实地采样，也可以利用已有样本点库。这里采用自动分层采样的方法建立分区样本点，并对得到的样本点进行人工检验，从而保证样本点的精度和对分类特征的代表性，最终获取 61 653 个样本点，其分布如图4-20所示。

4.3.2　2019 年全球森林覆盖状况及主要特征

到2019年底，全球森林总面积为 36.92 亿 hm^2，约占全球陆地总面积的 24.78%（按全球陆地面积149 亿 hm^2 计算）。全球森林分布如图4-21所示。整体而言，全球森林分布沿纬度呈条带状分布，主要集中分布在南美洲和中非及东南亚的热带地区，俄罗斯和加拿大的北部地区，以及太平洋沿岸和大西洋沿岸一带。

全球分为热带、亚热带、温带和北寒带四个气候带，不同气候带森林分布呈现不均衡现象，全球森林的地带性分布与气温和降水有较大关系，见图4-22。

热带：从表4-6的统计数据可以看出，热带森林覆盖面积最大，几乎占全球森林总面积的一半，森林覆盖率21.91%，位居全球第二。热带森林主要包括热带雨林、季雨林等，其中热带雨林是热带最主要的森林类型，主要分布于南美洲亚马孙盆地、非洲刚果盆地和东南亚等区域（图4-23）。热带雨林是地球上最繁茂的森林植被，具有最丰富的物种组成、最复杂的层次结构、最多样的群落外貌及最奇特的生命现象，因而成为地球上最宝贵的生态系统。

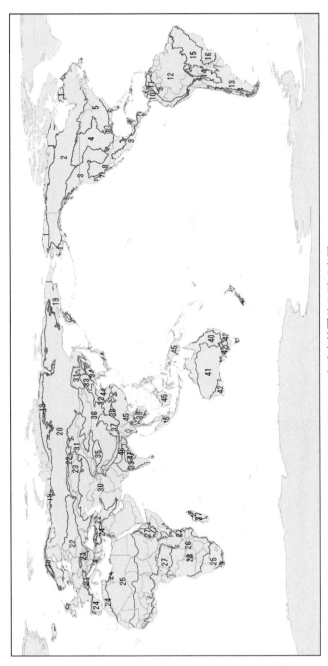

图4-19　全球森林覆盖分区示意图
1～45代表森林分区。下同

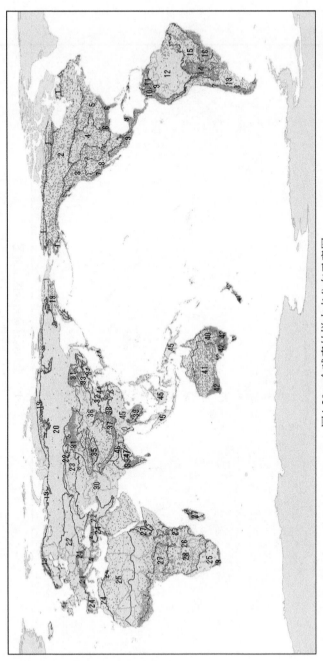

图4-20　全球森林样本点分布示意图

图4-21　2019年全球森林分布图

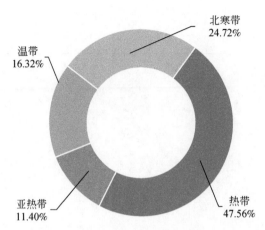

图 4-22　2019 年全球各气候带森林覆盖面积占比

表 4-6　各气候带森林覆盖状况统计

气候带	森林覆盖面积/hm²	占全球森林面积的比例/%	森林覆盖率/%
热带	1 755 987 040	47.56	21.91
亚热带	421 115 390	11.40	16.43
温带	602 494 360	16.32	20.49
北寒带	912 837 240	24.72	47.27
全球	3 692 434 030	100.00	24.78

　　亚热带：亚热带的森林覆盖面积为 4.21 亿 hm²，占全球森林总面积的比例为 11.40%。以常绿阔叶林、硬木常绿林为代表，北部如我国秦岭淮河以南、南岭以北的广大地区含有较多的落叶树种。常绿阔叶林是由常绿阔叶树种组成的地带性森林类型，终年常绿，是亚热带主要的森林类型之一。主要分布于亚洲的中国长江流域南部、日本列岛的南部，北美洲的东南端，南美洲的部分地区。其中以中国长江流域南部的常绿阔叶林最为典型，分布面积也最大（图 4-24）。

　　温带：温带的森林覆盖面积为 6.02 亿 hm²，占全球森林总面积的 16.32%。

　　从地带分布看，由北到南，主要有寒温带针叶林、温带针阔混交林和暖温带落叶阔叶林。温带混交林和落叶阔叶林是温带主要的森林类型。温带混交林广泛分布于北纬 40°~60° 的欧洲西缘、北美洲东缘和亚洲东缘，呈不连续的三大片（图 4-25）。落叶阔叶林冬季落叶、夏季葱绿，又称夏绿林，几乎全部分布在北半球受海洋性气候影响的温暖地区。

　　北寒带：北寒带森林覆盖面积为 9.13 亿 hm²，虽然只有全球森林面积的约 1/4，森林覆盖率却最高，达到 47.27%。北方针叶林是北寒带的主要森林类型。北方针叶林大部分由耐寒的针叶乔木组成，主要树种包括云杉、冷杉、落叶松等，集中分布于北半球增暖剧烈的中高纬度地区（图 4-26）。受气候变化影响强烈，

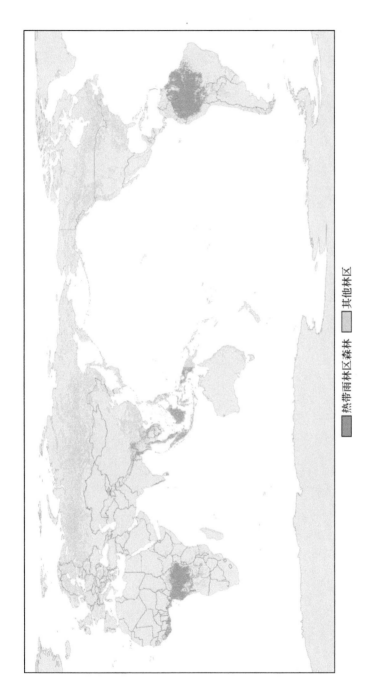

热带雨林区森林 □ 其他林区

图4-23　2019年全球热带雨林区森林分布图

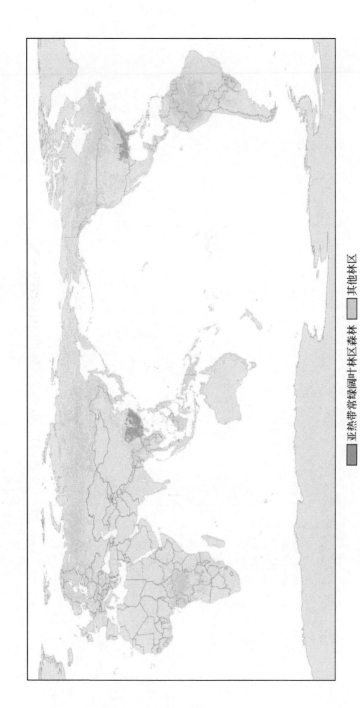

亚热带常绿阔叶林区森林　　其他林区

图4-24　2019年亚热带常绿阔叶林区森林分布图

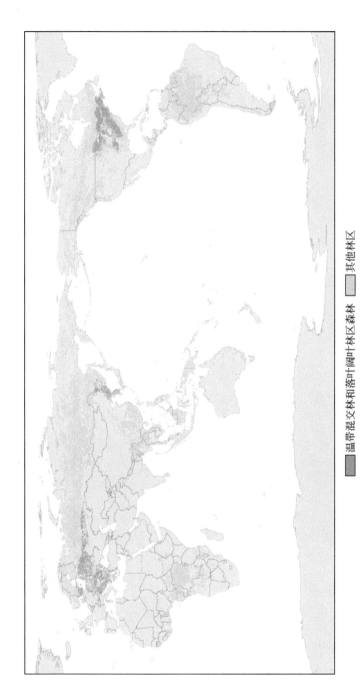

温带混交林和落叶阔叶林区森林 □ 其他林区

图4-25 2019年温带混交林和落叶阔叶林区森林分布图

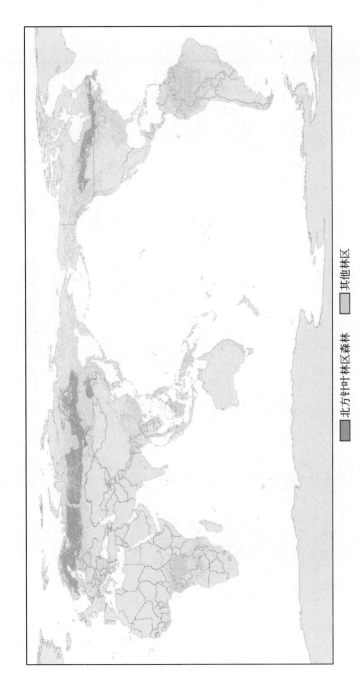

北方针叶林区森林 其他林区

图4-26 2019年北方针叶林区森林分布图

北方针叶林带一直处于不断的变化之中，其北界逐渐北移侵占原冻原地带，而北方针叶林的南部大面积被温带森林所取代。在北极苔原与温带主大陆之间有一条宽达1300km的森林带，这就是著名的西伯利亚泰加森林，森林纵向延伸达1650km，向北直至北极圈以内，在加拿大的赫德森海湾地区，森林带平行于北极圈以南向东西方向延伸。

4.3.3　全球森林覆盖产品的精度验证

利用直接验证法对全球30m森林覆盖（30 meter Global Forest Cover，GFC30）产品进行精度评价。验证方法如下。

采用分层随机采样的方案获得用于精度验证的验证点，验证点充分代表各生态类型。利用MODIS全球植被产品（MCD12，version 5）作为地表覆盖类型参考基准，具体包括常绿阔叶林（EBF）、常绿针叶林（ENF）、落叶阔叶林（DBF）、落叶针叶林（DNF）和混合林（MF），非森林类型包括灌丛、草地、农田、水体，每类随机选取1500个点，利用Google Earth/GF等高分辨率影像进行人工检查和核对，参考美国和日本等相关的数据产品，并结合部分实地调查数据，以确保验证点的可靠性。图4-27为亚马孙盆地和刚果盆地热带雨林区2018年获取的"高分二号"卫星影像图。

2019年10月，我们对中国区多地进行了森林覆盖情况实地考察，图4-28和图4-29为实地拍摄照片。其中，通过长江流域防护林区（湖北丹江口水库）2004年与2018年卫星影像图对比（图4-30）和黄土高原退耕还林区2003年与2017年卫星遥感影像图对比（图4-31）也可以看出两地工程绿化效果显著。

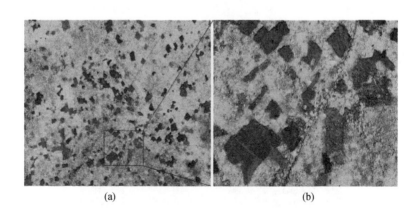

(a)　　　　　　　　　　　　　(b)

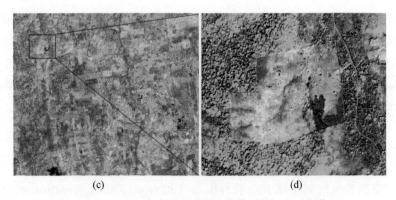

(c)   (d)

图 4-27　亚马孙盆地和刚果盆地热带雨林区卫星影像图

影像获取时间：2018 年 3 月 19 日（上排）和 2018 年 11 月 21 日（下排）。卫星来源：GF-2。空间分辨率：
0.8m。波段组合：3（R）、4（G）、2（B）。（b）和（d）分别为（a）和（c）中红框区域的放大图

图 4-28　长江流域防护林区

图 4-29　黄土高原退耕还林区

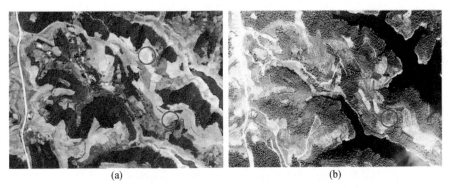

图 4-30　长江流域防护林区卫星影像（湖北丹江口水库）

（a）获取时间：2004 年 7 月 7 日。数据来源：Google Earth。空间分辨率：1m。波段组合：3（R）、2（G）、1（B）。（b）获取时间：2018 年 10 月 30 日。卫星数据来源：GF-2。空间分辨率：0.8m。波段组合：3（R）、2（G）、1（B）

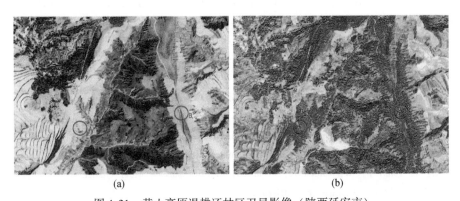

图 4-31　黄土高原退耕还林区卫星影像（陕西延安市）

（a）获取时间：2005 年 7 月 7 日。数据来源：Google Earth。空间分辨率：1m。波段组合：3（R）、2（G）、1（B）。（b）获取时间：2017 年 8 月 3 日。卫星数据来源：GF-2。空间分辨率：0.8m。波段组合：3（R）、2（G）、1（B）

最终，全球共获取 39 900 个验证点。验证结果表明，2019 年 GFC30 产品的总体精度（overall accuracy，OA）为 86.45%。未来，我们将采用更精细的卫星影像进行对比和分析。

参 考 文 献

包维楷，陈庆恒.1999.生态系统退化的过程及其特点.生态学杂志，(2)：37-43.

何国金，王力哲，马艳，等.2015.对地观测大数据处理：挑战与思考.科学通报，60（5）：470-478.

何满喜.2002.粮食生产与农业生态环境的关系分析.生态经济,5(4):49-51.

胡海洪.2013.气候变化对水文水资源的影响分析.生物技术世界,5(3):37-38.

江威.2019.多源卫星遥感数据陆表水体产品生成方法研究.北京:中国科学院大学.

雷双友,尹向红,李轩宇.2011.无人机遥感技术在城镇土地集约利用监测评价中的应用.测绘通报,3(7):34-36.

廖安平,陈利军,陈军,等.2014.全球陆表水体高分辨率遥感制图.中国科学(地球科学),44(8):1634-1645.

廖克,成夕芳,吴健生,等.2006.高分辨率卫星遥感影像在土地利用变化动态监测中的应用.测绘科学,31(6):11-15.

刘鹰,张继贤,林宗坚.1999.土地利用动态遥感监测中变化信息提取方法的研究.遥感信息,8(4):21-24.

罗遥.2012.江苏省城市闲置土地成因与处置研究.南京:南京农业大学.

孙丹峰,杨冀红,刘顺喜.2002.高分辨率遥感卫星影像在土地利用分类及其变化监测的应用研究.农业工程学报,2:160-164.

吴晓旭,田怀玉,周森,等.2013.全球变化对人类传染病发生与传播的影响.中国科学(地球科学),43:1743-1759.

臧春明.2018.浅谈如何加强土地管理提高土地利用水平.国土资源,17(5):47-48.

张继贤.2003.论土地利用与覆盖变化遥感信息提取技术框架.测绘科学,5(3):13-16.

自然资源部.2020.自然资源调查监测体系构建总体方案.北京:自然资源部.

Chen C, Park T, Wang X, et al. 2019. China and India lead in greening of the world through land-use management. Nature Sustainability, 2:122-129.

Chen J, Chen J, Liao A, et al. 2015. Global land cover mapping at 30m resolution: a POK-based operational approach. ISPRS Journal of Photogrammetry & Remote Sensing, 103(may):7-27.

Donchyts G, Baart F, Winsemius H, et al. 2016. Earth's surface water change over the past 30 years. Nature Climate Change, 6:810-813.

FAO. 2018. The State of the World's Forests 2018 – Forest Pathways to Sustainable Development. Rome:FAO.

FAO. 2020. Global Forest Resources Assessment 2020. Rome:FAO.

Feng M, Sexton J O, Channan S, et al. 2016. A global, high-resolution (30-m) inland water body dataset for 2000: first results of a topographic-spectral classification algorithm. International Journal of Digital Earth, 3:1-21.

Gong P, Wang J, Yu L, et al. 2013. Finer resolution observation and monitoring of global land cover: first mapping results with Landsat TM and ETM+ data. International Journal of Remote Sensing, 34(7):2607-2654.

Hansen M C, Potapov P V, Moore R, et al. 2013. High-resolution global maps of 21st-century forest cover change. Science, 342(6160):850-853.

Ji L, Peng G, Geng X, et al. 2015. Improving the accuracy of the water surface cover type in the 30m FROM-GLC product. Remote Sensing, 7(10):13507-13527.

Jiang W, He G, Long T, et al. 2018. Multilayer perceptron neural network for surface water extraction in Landsat 8 OLI satellite images. Remote Sensing, 10: 755.

Jiang W, He G, Pang Z, et al. 2020. Surface water map of China for 2015 (SWMC-2015) derived from Landsat 8 satellite imagery. Remote Sensing Letter, 11: 265-273.

Pekel J F O, Cottam A, Gorelick N, et al. 2016. High-resolution mapping of global surface water and its long-term changes. Nature, 540 (7633): 418-422.

USGS. 2017. Earth's water distribution. https://waterusgsgov/edu/earthwherewaterhtml [2019-10-11].

Verpoorter C, Kutser T, Seekell D A, et al. 2014. A global inventory of lakes based on high-resolution satellite imagery. Geophysical Research Letters, 41 (18): 6396-6402.

Yamazaki D, Trigg M A, Ikeshima D. 2015. Development of a global ~90m water body map using multi-temporal Landsat images. Remote Sensing of Environment, 171: 337-351.